JN036363

一歩進 物理の理解

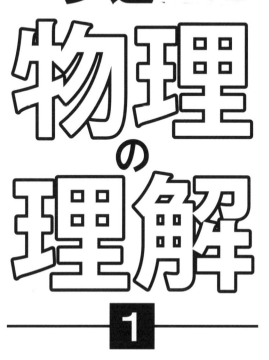

1

力学・熱・波

真貝 寿明・林 正人・鳥居 隆

著

朝倉書店

前書き・コンセプト

本シリーズは，身の回りに見られる現象を，物理法則を使ってどこまでモデル化して理解できるか，という事例を問題形式で提供する．前提とする知識は高校で習う物理である．読者層としては，意欲ある高校生・高専生から大学理系初年度生，そして数理的思考を学び楽しむ社会人の方を想定している．

高校で習う物理，大学入試で問われる物理の問題は，力学，熱力学，電磁気学などの分野に分かれていて，設定された文字を使って解答を導く力が試される．しかし，本当の物理学は，そのようにお膳立てされたものではなく，「この自然現象はどう説明できるのだろうか」という問いかけから深められていくものだ．必要となる量に自分で文字を置き，シンプルなモデルに帰着させたり，簡単な仮定をして立式し，解いてみたりする．そして実際の値を当てはめてみて，妥当かどうか判断する．このようにして物理学は発展してきたし，私たちの身の回りの現象でも物理学は威力を発揮する．そして，自然のしくみを少数の法則で理解できたとき，私たちは物理を学ぶ楽しさを実感できる．本書では，このような視点に立って，高校物理（＋α）の範囲の法則や計算で，現象のモデル化を中心に，いくつかの題材を選んでいる．

本シリーズで取り上げたトピックの半分ほどは，実は大学の入試問題として取り上げた問題である．私たち著者3人は，同じ大学に所属していて（キャンパスは分かれているが），毎年，ストーリー性のある入試問題を作ってきた．単に公式を当てはめて答える問題ではなく，物理はここまでわかるから面白いよ，というメッセージを受験生に向けて発信してきたつもりである．本書の執筆にあたり，読み物としても楽しめるような形に再構成したが，問題形式は残してある．意欲ある読者は，解きながら，次第に明らかになる自然の姿の解明を楽しめるだろうし，その先の発展へも進めるだろう．問題の解説は，どうやって解くかではなく，解けたらどうなるのか，という点に重点を置いている．その点で，本書は入試問題の解説書ではない．

最近は，高校と大学の連携も注目され，高校生が大学の研究室を訪ねて研究を手がける機会も増えてきた．高校の物理から大学の物理へは，数学的なギャップもあり，高大連携はそれほど容易なものではない．だが，本書で取り上げたような問題設定から，物理で世界を語るという数理的な体験は，理系的思考への入門として役に立つと思われる．大学での物理学は運動方程式を微分方程式ととらえて解き進める形で展開するが，本書ではあくまでも高校生の知識で解き進められるようにしている．

本シリーズの構成は以下のようである．章立ては，高校物理の教科書にある分野名にならっているが，分野をまたがったり，初見では難しめの問題は発展問題として独立な章に

した.

　本シリーズの最後には大学で習う「相対性理論」の章も用意した. 物理学は, 19 世紀末までに完成した「古典物理学」と, 20 世紀に入ってからの「現代物理学」とに大きく二分される. 後者は「量子論」と「相対性理論」が中心となる. 高校物理で習うのは「原子」という題目で量子論の入り口までだが, 相対性理論の展開を知ることも悪くないはずだ. ブラックホールや宇宙を題材にした問題も作成したので楽しんでほしい.

　各章のはじめには分野ごとの簡単なまとめを（単なる公式集ではなく）解説として配した. ひととおり高校物理を知っている読者にその分野を概観してもらうことを想定している. また, 第 3 巻の「量子論」と「相対性理論」は, やや詳しめに紹介している.

　必要となる数学については第 1 巻, 第 2 巻の付録 A, B にまとめた. ベクトルの外積や微分方程式の初等的な解法など, 高校生でも知っていて損のない内容である. また, 第 3 巻の付録 C には, シミュレーションに興味をもった読者への基礎的な説明とサンプルコード（C, Fortran, Python）を用意した. 歴史的な裏話や発展的な解説などはコラムにした. 息抜きに Coffee Break 欄も用意した. いずれも, 進んだ内容を探す高校教諭にも役立つことと思う.

　本シリーズでは, 時として高校の学習指導要領を超える話を展開するが, 難易度マークをつけたので, 参考にしてほしい.

　　★☆☆　高校の教科書の内容程度の問題, 解説
　　★★☆　大学入試か大学初年度レベルの問題, 解説
　　★★★　大学初年度レベル以上の問題, 解説

　問題中の数値計算は, 電卓を用いることが推奨されるものもある. 物理を学問として味わうことを楽しんでもらうのもよいし, 数理的アプローチに酔ってみるのもよいだろう. 本シリーズはどこから読み始めても構わない. 知的好奇心をかき立ててもらえれば幸いである.

　　2023 年 活気を取り戻したキャンパスにて

　　　　　　　　　　　　　　　　　　真貝寿明・林　正人・鳥居　隆

目　　次

1.　力学を中心とした問題 ································· 1

  1.0　力学分野のエッセンス ··························· 2

    1　運動方程式 ······························· 2

    2　保　存　則 ······························· 3

  1.1　右往左往するねずみと猫 ······················· 7

  1.2　花火の軌跡 ······························· 13

  1.3　ずっと続く階段 ··························· 17

  1.4　工事現場の杭打ち ························· 22

  1.5　ジェットコースター ······················· 25

  1.6　重心運動と相対運動 ······················· 30

  1.7　振り子時計の時間の進みによる地下鉱物の探索 ·········· 38

  1.8　ケプラーの法則と人工衛星の運動 ················ 43

  1.9　スペースコロニーとラグランジュポイント ··········· 50

  1.10　棒の重心を探す ··························· 56

2.　熱力学を中心とした問題 ······················· 63

  2.0　熱分野のエッセンス ······················· 64

    1　気体の状態方程式 ······················· 64

    2　熱と熱の移動 ························· 65

  2.1　風船の膨張 ··························· 69

  2.2　熱　気　球 ··························· 73

  2.3　間　欠　泉 ··························· 79

  2.4　水飲み鳥は永久機関か ····················· 84

  2.5　単原子分子理想気体の断熱変化：ポアソンの法則 ········ 88

  2.6　熱機関とエントロピー ····················· 92

  2.7　スターリングエンジンのモデルと熱効率 ··········· 96

3.　波動を中心とした問題 ······················· 101

  3.0　波動分野のエッセンス ····················· 102

    1　波のもつ性質と波の式 ····················· 102

    2　音波，光波 ························· 105

3.1 管楽器と弦楽器に起こる固有振動 ······················· 106
3.2 波の屈折：ホイヘンスの原理とフェルマーの原理 ··········· 112
3.3 夜汽車と蜃気楼：音の屈折と光の屈折 ·················· 118
3.4 シャボン玉の色の変化 ···························· 121
3.5 虹はどうして2本見える？ ························· 125
3.6 音と光のドップラー効果 ·························· 130
3.7 スピードガン ······························· 135

付録 A. 数学の補足1 ······························· A1
A.1 ベクトルの内積と外積 ···························· A2
A.2 パラメータ表示と軌跡 ···························· A5
A.3 逆三角関数 ································· A8
A.4 数列，漸化式 ······························· A10
A.5 テイラー展開と近似式 ···························· A12

付録 D. 発展的な参考文献 ···························· R1

索 引 ··································· I1

コラム

1	★★☆2質点の振動 ·································	37
2	★★☆楕円・放物線・双曲線 ····························	49
3	★★★互いに万有引力を及ぼし合う3質点の運動 ···············	55
4	★★☆半音と全音：純正律と平均律 ······················	111
5	★★★最速降下線 ·································	116
6	★★★サイクロイド振り子 ····························	117

Coffee Break

1	入試問題を作成する立場から ··························	12
2	西洋物理学とはじめて格闘した日本人 ····················	21
3	『吾輩は猫である』に登場する物理 ······················	42
4	ラプラスの悪魔 ·································	78
5	マクスウェルの悪魔 ······························	87
6	ニュートンへの挑戦状 ····························	129

第 2 巻・第 3 巻略目次

■第 2 巻
4. 電磁気学を中心とした問題
  4.0 電磁気分野のエッセンス
  4.1 合成抵抗値
  4.2 デジタル・アナログ変換回路
  4.3 ダイオードとトランジスタ
  4.4 発光ダイオード
  4.5 電気双極子とリング
  4.6 ガウスの法則と平板地球
  4.7 一様に帯電した球から球をくりぬいた空洞内の電場
  4.8 一様電場中の金属球上の電荷分布
  4.9 電磁誘導と IC カード
  4.10 銅線コイル中を動く乾電池電車
  4.11 交 流
  4.12 粒子の加速
  4.13 2 つの交流電場による比電荷の測定
5. 発展問題1
  5.1 コリオリの力の導出と応用
  5.2 スイング・バイのメカニズム
  5.3 ケプラー方程式
  5.4 惑星探査機の軌道計算
  5.5 厚みのあるレンズによる屈折
  5.6 点電荷により金属球上に誘導される電荷分布
  5.7 微分方程式を解くことで理解できる問題
  5.8 水 の 問 題
付録 B. 数学の補足 2
  B.1 微分方程式
  B.2 偏 微 分
  B.3 ベクトル解析

■第3巻

6. 原子・原子核を中心とした問題
  6.0 原子・原子核分野の基本
  6.1 温暖化のメカニズム
  6.2 ミリカンの実験
  6.3 アストンの質量分析器
  6.4 光は波か，粒子か
  6.5 ボーアモデルの歴史的検討
  6.6 中性子の発見
  6.7 超音波の粒子性
  6.8 ラウエ斑点

7. 相対性理論を中心とした問題
  7.0 相対性理論の基本
  7.1 ローレンツ変換
  7.2 浦島効果と GPS 衛星電波の補正
  7.3 質量とエネルギーの等価性
  7.4 マクスウェル方程式とローレンツ不変性
  7.5 等価原理と局所慣性系
  7.6 重　力　波
  7.7 ブラックホール
  7.8 膨張する宇宙

8. 発展問題2
  8.1 スカイツリーでの重力
  8.2 原子核の放射性崩壊 1：贋作絵画の鑑定
  8.3 原子核の放射性崩壊 2：崩壊する原子核の個数計算

付録 C.　シミュレーションの技法
  C.1 解析的手法と数値的手法の違い
  C.2 微分するプログラム，積分するプログラム
  C.3 微分方程式を解くプログラム
  C.4 単振動のプログラム例

第 1 章

力学を中心とした問題

ニュートン

1.0 力学分野のエッセンス

自然現象を数学を武器にして記述していくのが物理学である．数学を用いれば，いつでもどこでも誰でも共通に現象を表すことができる．ここでは，高校物理の力学を少し高い視点から再構築しよう．

1. 運 動 方 程 式

■ニュートンの運動法則   ★☆☆

ニュートンは，力 $\vec{F}$ を加えたときに，物体に生じるのは加速度であることを見出した．速度 $\vec{v}$ は位置 $\vec{x}$ の時間変化率であり，加速度 $\vec{a}$ は速度 $\vec{v}$ の時間変化率である．微小変化量には Δ をつけて表すことにすると，微小時間 Δt での変化量から平均速度，平均加速度が

$$\vec{v} = \frac{\Delta \vec{x}}{\Delta t} \ [\text{m/s}], \quad \vec{a} = \frac{\Delta \vec{v}}{\Delta t} \ [\text{m/s}^2] \tag{1.0.1}$$

となる．これらで，$\Delta t \to 0$ の極限を考えることにより，微分を用いて定義されると考えてもよい．

$$\vec{v} = \lim_{\Delta t \to 0} \frac{\Delta \vec{x}}{\Delta t} = \frac{d\vec{x}}{dt}, \quad \vec{a} = \lim_{\Delta t \to 0} \frac{\Delta \vec{v}}{\Delta t} = \frac{d\vec{v}}{dt} = \frac{d^2\vec{x}}{dt^2} \tag{1.0.2}$$

ここでベクトルの微分を扱っているが，デカルト座標（直交する x–y–z 座標）では，ベクトルの各成分を微分したものをベクトルにしたものである．ニュートンは，ガリレイが発見した慣性の法則を第 1 法則として，次の 3 つの法則で，力学的な運動が記述できることを示した．

法則 1.1（ニュートンの運動法則 (1687)）

第 1 法則　慣性の法則
　　　　力を加えなければ，物体は等速直線運動を行う．

第 2 法則　運動方程式
　　　　慣性系において，物体に力 $\vec{F}$ を及ぼすと，物体の質量 m に反比例した加速度 $\vec{a}$ が生じる．

$$m\vec{a} = \vec{F}, \quad \text{力の単位は } [\text{N}] = [\text{kg}][\text{m/s}^2] \tag{1.0.3}$$

第 3 法則　作用・反作用の法則
　　　　物体に力 $\vec{F}$ を及ぼすと，その物体は同じ大きさで逆向きの反作用 $-\vec{F}$ を，作用線上に作用物体に及ぼす．

- 慣性の法則が成り立つ座標系を慣性系という．第 1 法則は，運動方程式を使うにあたって，座標系を宣言したことに相当する．
- 運動方程式 (1.0.3) は，大きさだけではなく，向きも含めて成り立つベクトルの式である．力の単位は [N]（ニュートン）である．

- 物体の運動を明らかにするということは、運動方程式 (1.0.3) から、加速度 $\vec{a}(t)$ を求め、それを積分して速度 $\vec{v}(t)$ を求め、それを積分して位置の時間変化 $\vec{x}(t)$ を求める、という作業である。数学的には、運動方程式は、2 階微分方程式になる。解は、2 つの積分定数を与えないと決まらない。そのため、運動を求める問題では、**初期条件**が 2 つ（時刻 $t=0$ での位置 $x(0)$ と速度 $v(0)$）与えられることになる。
- 高校物理の範囲では、物体を「質点」と設定して大きさを考えないことが多い。現実の問題では物体の大きさは無視できないが、そのような場合でも物体の重心の運動を考えることで、さまざまな議論ができる ▶1.5 節 。

■慣性力 ★☆☆

加速度運動する座標系（例えば、自由落下したり、円運動している観測者）では、運動方程式 (1.0.3) がそのままでは成立しない。そのため、**慣性力**という見かけの力を考えて、あたかも慣性座標系にいるような小細工が必要になる。

円運動は、中心向きに力（向心力）を受ける加速度運動である。質量 m の物体が半径 r の円周上を速さ v で進むとき、加速度の大きさ a は幾何学的に、$a = \dfrac{v^2}{r}$ となる。したがって、円運動する座標系では、慣性力として、外向きに**遠心力** $m\dfrac{v^2}{r}$ を加えないといけない。

2. 保 存 則

運動方程式があれば、次の瞬間に物体がどう運動していくかがわかる。それに対して、運動の「始めから最後まで、一定の値になる量がある」ことを使って運動を議論する別の方法がある。具体的には、**エネルギー**や**運動量・角運動量**という**保存量**があり、これらの**保存則**を使うことによって、どのような運動状態になるのかがわかる。保存則は、運動方程式を積分することによって得られる関係式である。

■保存則 [1] 仕事と運動エネルギー ★☆☆
物理用語の仕事は、次のように定義される。

- 一定の大きさの力 F〔N〕を加えて、その向きに、物体が Δx〔m〕移動したとき、仕事を

$$W = F\Delta x \tag{1.0.4}$$

仕事〔J〕＝力〔N〕× 移動距離〔m〕

とする。仕事の単位は、〔J〕（ジュール）である。

- 単位時間当たり（1 秒当たり）の仕事を**仕事率**という。単位は〔W〕（ワット）である。

$$P = \frac{\Delta W}{\Delta t} \qquad 仕事率〔W〕= \frac{仕事〔J〕}{時間〔s〕} \tag{1.0.5}$$

- 加えた力（ベクトル $\vec{F}$）の向きと、物体の移動した向き（変位ベクトル $\vec{x}$）が異なるときは、$\vec{F}$ と $\vec{x}$ のなす角を θ として、仕事 (1.0.4) は

$$W = |\vec{F}||\vec{x}|\cos\theta, \quad 内積で表せば \ W = \vec{F} \cdot \vec{x} \tag{1.0.6}$$

となる．これは移動した方向への力の成分 $|\vec{F}|\cos\theta$ を式 (1.0.4) に用いることと同じである．この式より，θ が $90°$ のときは，仕事はゼロである．つまり，「運動方向と直交する方向に力を加えても仕事はゼロ」ということになる．

どれだけ仕事を行う能力があるか，という量としてエネルギーという言葉を用いる．

- 速さ v で運動する質量 m の物体は，**運動エネルギー**（kinetic energy）

$$E_K = \frac{1}{2}mv^2 \ \text{〔J〕} \tag{1.0.7}$$

をもつ．

- 基準点から高さ h のところにある質量 m の物体は，重力による**位置エネルギー**（potential energy）

$$E_P = mgh \ \text{〔J〕} \tag{1.0.8}$$

をもつ．

- ばね定数 k〔N/m〕のばねが，自然長から x だけ伸びていたり縮んでいたりするとき，**弾性エネルギー**（弾性力による位置エネルギー）

$$E_{P'} = \frac{1}{2}kx^2 \ \text{〔J〕} \tag{1.0.9}$$

をもつ．

- 質量 M の質点から距離 r 離れた点にある質量 m の質点は，無限遠点を基準として万有引力による位置エネルギー

$$E_{P''} = -G\frac{Mm}{r} \ \text{〔J〕} \tag{1.0.10}$$

をもつ．

- 運動エネルギーと位置エネルギーの和を**力学的エネルギー**（mechanical energy）という．

法則 1.2（力学的エネルギー保存則）
　摩擦や空気抵抗などによる仕事を受けない場合，考えている物体の運動において，全エネルギーの総和は，初期に与えられた値で保存する．

$$E_K + E_P + E_{P'} + E_{P''} + \cdots = (\text{一定}) \tag{1.0.11}$$

これが，**力学的エネルギー保存則**である．

上記の（高校の教科書式の記載である）力学的エネルギー保存則は，1 つの物体に関する全エネルギーが保存するというものだが，実際には多体系全体で全エネルギーが保存する．

■ 積分表現　　　　　　　　　　　　　　　　　　　　　★★★

位置エネルギーは，物体が基準点からどれだけ仕事を受けてその場所（位置 x）に到達するかという量なので，より進んだ定義では，積分を用いて

$$E_P = \int_{基準点}^{x} F \, dr \quad （移動方向を \ r \ とした）\tag{1.0.12}$$

で定義される．弾性エネルギーであれば，

$$E_{P'} = \int_0^x kx \, dx = \frac{1}{2} kx^2 \tag{1.0.13}$$

万有引力による位置エネルギーであれば

$$E_{P''} = \int_\infty^r G \frac{Mm}{r^2} \, dr = -G \frac{Mm}{r} \tag{1.0.14}$$

となる．

■ 保存則 [2] 力積と運動量　　　　　　　　　　　　　★☆☆

物体の速度 $\vec{v}$ に質量 m を乗じた

$$\vec{p} = m\vec{v} \tag{1.0.15}$$

で定義されるベクトル量を**運動量**（momentum）と呼ぶ．運動量 $\vec{p}$ の時間変化率を考えると，質量が一定なら

$$\frac{\Delta \vec{p}}{\Delta t} = m \frac{\Delta \vec{v}}{\Delta t} = m\vec{a} = \vec{F} \tag{1.0.16}$$

より一般には微分形として

$$\frac{d}{dt}(m\vec{v}) = \frac{d}{dt}\vec{p} = \vec{F} \tag{1.0.17}$$

となって，運動方程式 (1.0.3) の別の表現が得られる．式 (1.0.16) に Δt を乗じると，

$$\Delta \vec{p} = \vec{F} \Delta t \tag{1.0.18}$$

となる．右辺の量を**力積**（impulse）と呼ぶ．すなわち，運動量の変化量が力積である．

2 つの物体 1, 2 が，衝突や合体，貫通，分裂などの作用を 2 物体間で行ったとしよう．作用・反作用の法則より，それぞれの及ぼす力は大きさは等しくて向きは逆である．物体 1 が物体 2 に及ぼす力を $\vec{F}_{1 \to 2}$ のように書けば，外に力を受けないとすれば，運動方程式は

$$\frac{d}{dt}\vec{p}_1 = \vec{F}_{2 \to 1}$$

$$\frac{d}{dt}\vec{p}_2 = \vec{F}_{1 \to 2} = -\vec{F}_{2 \to 1}$$

となる．この 2 式を加えると

$$\frac{d}{dt}(\vec{p}_1 + \vec{p}_2) = 0 \tag{1.0.19}$$

となり，2 物体の運動量の和は時間によらず一定値であることになる．

法則 1.3（運動量保存則）
　物体系があり，外力がゼロ，または外力の総和がゼロで運動する場合，系全体の運動量は保存する．

$$\vec{p_1} + \vec{p_2} + \cdots = （定数） \tag{1.0.20}$$

これを運動量保存則という．

　上記の（高校の教科書式の記載である）運動量保存則は，系全体での全運動量が保存する，という記載だが，1 つの物体に限定すれば，運動量保存則は，慣性の法則と等価である．

■ 保存則 [3] 角運動量保存則 ★★★
　一般に，物体の受ける力の作用線が常に 1 つの点を通るとき，この力を中心力（central force）という．糸につながれて円運動する物体や，太陽から万有引力を受けて公転運動する惑星などは，中心力により運動しているといえる．

法則 1.4（角運動量保存則）
　原点 O から作用する中心力のみを受けて (x, y) 平面上を運動する物体は，その速度を (v_x, v_y) とすれば，

$$L \equiv m\,(x v_y - y v_x) = （定数） \tag{1.0.21}$$

をみたす．L を（中心 O まわりの）角運動量（angular momentum）といい，この式を角運動量保存則という．

- 角運動量は，ベクトルの外積 ▶付録 A.1 を用いて書くと見通しがよい．一般に，中心力の源を原点とし，位置ベクトル $\vec{r}$ にある物体の運動量 $\vec{p} = m\vec{v}$ を用いて，角運動量を

$$\vec{L} = \vec{r} \times \vec{p} = \vec{r} \times m\vec{v} \tag{1.0.22}$$

  と定義する．角運動量 $\vec{L}$ はベクトル量であり，式 (1.0.21) は，$\vec{L}$ の z 成分 L_z が保存することを示している（$L_x = L_y = 0$ である）．角運動量保存則は，面積速度一定の法則と等価である．
- $L_z = （一定）$ となることから，中心力による運動は，一平面上に限られることになる（このことから，日本の上空に静止衛星を置くことはできない）．

1.1 右往左往するねずみと猫

■ 台の上を動くねずみ ★☆☆

　運動方程式は，物体の運動の時々刻々の振る舞いを与える．つまり，物体の位置 x を時間の関数 $x(t)$ として解を与えてくれる．一方で，保存則は（前節で示したように）運動方程式を積分系にしたものだ．始めと終わりの状態を一気に結んだ関係式を与えてくれる．例えば運動量保存則は，質量 m, M の物体が内力を及ぼし合って，速度が v_1, V_1 から v_2, V_2 に変化したとき，

$$mv_1 + MV_1 = mv_2 + MV_2 = （一定） \tag{1.1.1}$$

という関係を与えるが，この式は，2つの物体の位置座標 $x(t), X(t)$ から定義される重心座標 $x_\mathrm{G} = \dfrac{mx + MX}{m + M}$ が

$$\frac{dx_\mathrm{G}}{dt} = \frac{mv + MV}{m + M} = （一定） \tag{1.1.2}$$

となることから，等速運動することを示している．はじめに両物体が静止していれば，重心は動かない．

問題 1.1.1

　ねずみの運動について考える．ねずみが台や板をける水平方向の力は連続的に作用するとする．また，ねずみは十分に小さく，その質量を m とする．

　図 1.1.1 のように水平でなめらかな床の上に，長さ L，質量 M の台が留め具で床に固定されている．台の左端にねずみを置くと，ねずみは一定の大きさの力 f で台を後ろにけって右向きに走り出した．右向きを正とする．

図 1.1.1　　　　　　　　　　　　　図 1.1.2

(1) ねずみの加速度を求めよ．

(2) ねずみが走り始めてから台の右端に到達するまでの時間を求めよ．

　次に留め具を外して台が床の上で自由に動くようにし，同じようにねずみを走らせた（図 1.1.2）．そうすると，台は左方向に動き出した．

(3) 台の加速度を求めよ．

(4) ねずみが走り始めてから台の右端に到達するまでの時間を求めよ．

(5) ねずみが台の右端に到達したときに，ねずみと台の物理量において，その比が $M : m$ になるものを次の中からすべて選び，記号で答えよ．

　　ア：移動距離，　イ：速さ，　ウ：運動量の大きさ，　エ：運動エネルギー

(6) ねずみと台の運動エネルギーの和を考える．ねずみが台の右端に到達したとき，台が床に固定されている場合とされていない場合の差を求めよ．

(7) 留め具を外した場合では，ねずみと台の運動量の和を計算するとゼロになり，運動量は保存している．一方，台が床に固定されている場合は，ねずみが運動している分だけ全体として運動量が増加している．ねずみは同じ力 f で走っているのにこのような違いが生じるのはなぜか，「外力」という言葉を用いて簡潔に説明せよ．

▶解

(1) ねずみは台を力 f で後ろにける．その反作用で右向きの力 f を受ける．したがって，ねずみの加速度を a とすれば，$f = ma$ となる．ゆえに，$a = \dfrac{f}{m}$.

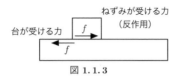

図 1.1.3

(2) ねずみは初速度ゼロで，左端から加速度 a で動く．等加速度運動をすることから，右端に到達するまでの時間を t とすれば，

$$L = \frac{1}{2}at^2 = \frac{1}{2}\frac{f}{m}t^2 \quad \text{これより} \quad t = \sqrt{\frac{2Lm}{f}}$$

(3) 台は左向きに大きさ f の力を受ける．台に生じる加速度を b とすると，右向きを正としていることから運動方程式は，

$$-f = Mb \quad \text{これより} \quad b = -\frac{f}{M}$$

(4) ねずみと台の移動距離の和が L になることから，求める時間を t' とすると，

$$L = \frac{1}{2}at'^2 + \frac{1}{2}|b|t'^2 = \frac{1}{2}\frac{f}{m}t'^2 + \frac{1}{2}\frac{f}{M}t'^2$$

これより，$t' = \sqrt{\dfrac{Mm}{M+m}\dfrac{2L}{f}}$.

［別解］台の上で見ると，ねずみは加速度 $a - b$ で右向きに進むので，求める時間を t' とすると，

$$L = \frac{1}{2}(a-b)t'^2 = \frac{1}{2}\left(\frac{f}{m} + \frac{f}{M}\right)t'^2 \quad \text{これより} \quad t' = \sqrt{\frac{Mm}{M+m}\frac{2L}{f}}$$

(5) ねずみと台は互いに内力のみを及ぼし合っているので，全体として運動量は保存する．つまり，この系では全運動量はゼロのまま保たれる．与えられた各物理量をそれぞれ計算してもよいが，次のように考えてみよう．

ねずみと台の重心 x_G は動かない．ねずみがはじめにいた位置を原点とすれば，ね

ずみと台の移動距離 x, X は,

$$x_G = \frac{mx + MX}{m + M} = 0 \quad \text{すなわち} \quad x : |X| = M : m \text{（ア：移動距離の比）}$$

ねずみが右端に到達したとき, ねずみと台の速度をそれぞれ v, V とする. 運動量保存則より,

$$mv + MV = 0 \quad \text{すなわち} \quad v : |V| = M : m \text{（イ：速さの比）}$$

これより（ウ）運動量の大きさの比は, $mv : M|V| = 1 : 1$.

（エ）運動エネルギーの比は, $\frac{1}{2}mv^2 : \frac{1}{2}MV^2 = mM^2 : Mm^2 = M : m$.

したがって, ア, イ, エが答えとなる.

［別解］それぞれを具体的に計算してみよう.

ア 移動距離の比は, $\frac{1}{2}at'^2 : \frac{1}{2}|b|t'^2 = a : |b| = \frac{1}{m} : \frac{1}{M} = M : m$.

イ 速さの比は, $at' : |b|t' = a : |b| = \frac{1}{m} : \frac{1}{M} = M : m$.

ウ 運動量の大きさ比は, $mat' : M|b|t' = ma : M|b| = 1 : 1$.

エ 運動エネルギーの比は, $\frac{1}{2}m(at')^2 : \frac{1}{2}M(bt')^2 = \frac{1}{m} : \frac{1}{M} = M : m$.

(6) 台が床に固定されている場合は, 運動エネルギーの和 K_1 は,

$$K_1 = \frac{1}{2}m(at)^2 = \frac{1}{2}m\left(\frac{f}{m}\right)^2 \frac{2Lm}{f} = fL$$

台が床に固定されていない場合は, 運動エネルギーの和 K_2 は,

$$K_2 = \frac{1}{2}m(at')^2 + \frac{1}{2}M(bt')^2 = \frac{1}{2}(ma^2 + Mb^2)\frac{Mm}{M + m}\frac{2L}{f}$$

$$= \frac{1}{2}\left(\frac{1}{m} + \frac{1}{M}\right)f^2\frac{Mm}{M + m}\frac{2L}{f} = fL$$

その差は, $K_2 - K_1 = 0$.

(7) 台には留め具から右向きの外力が加えられているため, 運動量が増加する. ただし, 地球も含めて考えると, 留め具を通じて地球はねずみと逆向きに等しい大きさの運動量を受けて, わずかながら自転に変化が生じる. このように考えると地球を含めた系では運動量が保存していることがわかる. □

● ● ●

(4) で得られた答えと (2) の答えを比較すると, $t' < t$ であるから, 台が動く方がねずみにとっては短い時間で右端に到達することになる. 台が動いてくれるので当たり前だ. また, $t' = \sqrt{\dfrac{m}{1 + (m/M)}\dfrac{2L}{f}}$ と変形すると, $\dfrac{m}{M} \to 0$ のときに t に合致することもわかる. ねずみに比べて台がずっと動きにくければ, t' は t になる. このような問題では, 質量比の極限を考えながら, 計算が合っているかどうかを直観的に確認することができる.

(6) で計算した運動エネルギーが同じになることは, ねずみにとって右端に到達するまでの仕事が同じ fL であることに由来する. 目的を得るまでの仕事はさぼれない, ということだ.「仕事」とは粋なネーミングかもしれない.

■力のモーメント ★☆☆

やじろべえでお馴染みのように，支点からの「力のモーメント」が等しければ「つりあい」の状態が実現する．図 1.1.4 のように，腕の長さ L_1, L_2 の先に f_1, f_2 の大きさの重力がかかってつりあうやじろべえがあるとき，支点 O のまわりの力のモーメントは，$-x_1 f_1, x_2 f_2$ であるから，（左回りを正とする）

$$-x_1 f_1 + x_2 f_2 = 0 \tag{1.1.3}$$

となる．

もう少し上級な説明にすれば，モーメントは，ベクトルの外積 ▶付録 A.1 を用いて定義される．回転運動させようとする力のモーメントをトルク $\vec{N}$ ともいい，

$$（トルク）\vec{N} = （回転半径）\vec{r} \times （力）\vec{f} \tag{1.1.4}$$

で表せる．上の例に当てはめると

$$\vec{L}_1 \times \vec{f}_1 + \vec{L}_2 \times \vec{f}_2 = 0$$

となり，その成分の大きさは

$$-L_1 f_1 \sin\theta_1 + L_2 f_2 \sin\theta_2 = 0$$

となって，式 (1.1.3) が得られる．ちなみに，前節で登場した角運動量 (1.0.21) は，

$$（角運動量）\vec{L} = （回転半径）\vec{r} \times （運動量）\vec{p} \tag{1.1.5}$$

が定義である．

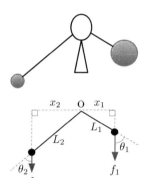

図 1.1.4

問題 1.1.2

ねずみやハムスターが中に入って遊ぶ回し車という器具がある（図 1.1.5）．簡単のために図 1.1.6 のように回し車は円筒とし，中心軸 O のまわりで自由に回転できるとする．これに長さ 2L の板を水平に渡して回し車に固定した「板つき回し車」を作る．板つき回し車の質量を M，板の中央を O′，OO′ の距離を h，O′ を原点として板に沿う方向に x 軸を取り，右向きを正とする．力のモーメントは，軸 O のまわりで考えるものとし，紙面上の反時計回りを正とする．また，重力加速度の大きさを g とする．

板の右端にねずみを置くと左向きに走り出した．ねずみはその位置 x によってける力を調整しながら往復運動をしたため，回し車は回転せず板は水平に保っていた．

図 1.1.5

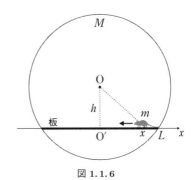

図 1.1.6

(8) 板つき回し車にはたらく重力のモーメントを求めよ.

(9) ねずみが図 1.1.6 の位置 x にいるとき，ねずみの<u>重量</u>による力のモーメントを求めよ.

(10) (8) と (9)，および，ねずみがける力 $f(x)$ による 3 つの力のモーメントの和がゼロになることで板が水平に保たれる．$f(x)$ を求めよ.

(11) 力 $f(x)$ の反作用によってねずみが加速することを考慮すると，ねずみは板の上を単振動していることがわかる．単振動の周期 T を求めよ.

(12) ねずみ嫌いの小さな猫がこの板の上に乗ってきた．単振動して動き回るねずみを見つけて猫はパニックになり，右往左往したが，板は水平に保たれたままだった．このとき，猫も板の上を単振動していて，その

    (a) 振幅は { L・$2L$・L 以下の任意の大きさ }

    (b) 周期は { T・$T/2$・任意の時間 }

    (c) 位相はねずみの単振動運動と { 同じ・逆・無関係 }

    だった．(a)～(c) のそれぞれで適切かつ最も適用範囲が広いものを各選択肢から選べ.

▶ 解

(8) 板つき回し車の重心は OO′ 上にある．重力の作用線が軸 O を通る（図 1.1.4 で θ がゼロ）ので，力のモーメントはゼロになる.

(9) ねずみの重量による力のモーメントの大きさは，$x \cdot mg$．右回りにはたらくので，マイナス符号をつけて，$-mgx$.

(10) ねずみがける力 $f(x)$ は水平方向である．左回りにはたらくので，$h \cdot f(x)$．モーメントのつりあいから，

$$-mgx + hf(x) = 0 \quad \text{これより} \quad f(x) = \frac{mg}{h}x$$

(11) 力 $f(x)$ は，O′ からの距離 x に比例する．ねずみは反作用を受けて常に O′ 方向の

力を受けるので，単振動をする力と解釈できる．運動方程式

$$m\frac{d^2x}{dt^2} = -kx, \quad k \text{ は定数}$$

の解 $x(t)$ は三角関数

$$x(t) = A \sin\left(\sqrt{\frac{k}{m}}\, t + \alpha\right)$$

として与えられ，その周期 T は，

$$T = 2\pi\sqrt{\frac{m}{k}}$$

となる ▶1.6節 ．このことから，この運動 T の周期は，$T = 2\pi\sqrt{\dfrac{m}{mg/h}} = 2\pi\sqrt{\dfrac{h}{g}}$.

(12) 板は水平に保たれたままだったことから，猫もねずみと同じように単振動をしていたことになる．全体としてモーメントがつりあえばこの状態は実現するので，新たに加わった猫の運動のみでモーメントがつりあう必要がある．猫は猫で自由に動けるので，(a) 振幅は <u>L 以下の任意の大きさ</u>，(c) 位相はねずみの単振動運動と<u>無関係</u>でよいが，(b) 周期は (11) で求めたように <u>T</u> で定まることになる． □

☕ Coffee Break 1（入試問題を作成する立場から）

　大学の入試問題は，大学の顔である．問題作成は，1 年がかりのプロジェクトである．私たちの体制でいうと，4 月から 7 月まで，ほぼ毎週，担当する教員が問題を持ち寄って，設定がどうか，難易度はどうか，誤読されないか，別解はあるか，など，さまざまな議論を交わす．互いに問題を批判し合うので，時として仲が悪くなりはしないかとヒヤリとすることもある．8 月以降は，出題の経緯を知らない教員に問題を解いてもらって意見を伺い，印刷屋から納品された問題原稿を 3 回は出題者全員チェックをかける．こうして万全の体制で教員側も入試に挑むのだ．

　入試問題は選抜試験なので，受験者全員が解けなければならない基本問題から，一部の人が解けるだろう難しめの問題までがそろっている．また，途中でつまずいて，その後は連鎖的に点がとれなくなるような問題がないように工夫もする．どこかで見たような類題もあるが，オリジナルな問題で受験生を驚かせたいという野心もある．

　実際の試験が終わると，近隣の高校教諭や予備校から，出題内容についての評価を受ける．受験業界からのコメントを真摯に受け止め，次年度の問題作成に着手することになる．入試問題は，問題作成者にとっても真剣勝負である．どんな学生に入学してほしいか，教員からのメッセージだと受け止めていただきたい．

1.2 花火の軌跡

夏の夜空を彩る花火は，空の高いところで火薬玉を爆発（開花）させている（図 1.2.1）．「星」と呼ばれる火薬の粒は，あらゆる方向に飛び出し，それぞれが輝いたり色を変えながら落下していく．星それぞれが放物運動をしていると考えて，それらの軌跡（trajectory）や花火の見え方を考えてみよう．

■位置のパラメータ表示と軌跡　★☆☆

まず，物体の運動を表す際に，パラメータ表示（媒介変数表示）と呼ばれる方法があることを思い出そう．ある物体が，xy 平面上で，原点を中心とする半径 r の円周上を動いているとする（図 1.2.2）．x 軸から角度 α の位置にあるとき，物体の位置座標 (x,y) は，

$$\begin{cases} x = r\cos\alpha \\ y = r\sin\alpha \end{cases} \quad (1.2.1)$$

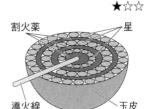

図 1.2.1 花火玉
イラストは八重芯の花火玉.

となる．(1.2.1) の 2 式から，$\sin^2\alpha + \cos^2\alpha = 1$ の関係式を用いて α を消去すると，円の方程式

$$x^2 + y^2 = r^2 \quad (1.2.2)$$

が得られる．このように，円は，式 (1.2.1) と表してもよいし，式 (1.2.2) と表してもよい．前者は，α をパラメータ（媒介変数）とした表し方で，後者は，パラメータを消去して得られた軌跡の式である▶付録 A.2．

物理では，物体の位置 (x,y,z) の時間変化を，t の関数として $(x(t),y(t),z(t))$ と表すことが多いが，これらの

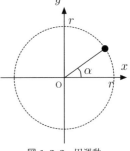

図 1.2.2 円運動

式からパラメータ t を消去すれば，運動の軌跡が得られることになる．

■放物運動の軌跡　★☆☆

上記のような考え方で，手始めに飛んでいくボールの軌跡の式を導いてみよう．以下の問題では，重力加速度の大きさを g とし，風の影響はなく，空気抵抗は考えないこととする．

問題 1.2.1

水平方向に x 軸，鉛直方向に y 軸（上向きを正）をとり，原点から初速度 $\vec{V_0}$（速さ V_0）でボールを打ち出す．ボールの打ち出す角度を水平面から θ とし，打ち出す時刻を $t=0$ とする（図 1.2.3）．

初速度の x, y 成分を (V_{0x}, V_{0y}) とすると，

$$(V_{0x}, V_{0y}) = (V_0 \cos\theta, V_0 \sin\theta)$$

である．時刻 t でのボールの位置 $(x(t), y(t))$ は

$$\begin{cases} x(t) = \boxed{\quad \text{ア} \quad} \\ y(t) = \boxed{\quad \text{イ} \quad} \end{cases} \qquad (1.2.3)$$

となる．これらは，ボールの位置を t をパラメータとして
表す式と考えてもよい．

(1) 式 $(1.2.3)$ の 2 式から，t を消去して，ボールの軌跡の式を導け．

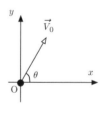

図 **1.2.3**　斜方投げ上げ

▶**解**　x 方向は等速運動，y 方向は重力加速度 g の等加速度運動の式で表せるので，次
のようになる．

$$\begin{cases} x(t) = \underline{(V_0 \cos\theta)t}_{\text{ア}} \\ y(t) = \underline{(V_0 \sin\theta)t - \dfrac{1}{2}gt^2}_{\text{イ}} \end{cases} \qquad (1.2.4)$$

(1) この 2 式より t を消去すると，

$$y = (\tan\theta)x - \frac{g}{2(V_0 \cos\theta)^2}x^2 \qquad (1.2.5)$$

となって，放物線の式（2 次関数の式）が得られる．　　　　　　　　　　　□

この放物線で $y = 0$ となるのは，$x = 0$ と，$x_{\max} = \dfrac{2V_0^2 \cos\theta \sin\theta}{g}$ であり，物体の落
下点の座標 $x_{\max}$ がわかる．

$$x_{\max} = \frac{V_0^2 \sin 2\theta}{g} \qquad (1.2.6)$$

と書けるので，最も遠くまで飛ぶのは，初速度の向きが $\theta = \dfrac{\pi}{4}$ の場合である．

■ 花火の軌跡　　　　　　　　　　　　　　　　　　　　　　★☆☆

問題 1.2.2

　次に，打ち上げ花火を考える．花火玉が
空中で炸裂（開花）した後，飛び散る星（火
薬粒）がどのような図形を描いていくかを
次の手順で導いてみよう．

　花火玉は，時刻 $t = 0$ のときに，座標軸
の原点から鉛直上向きに速さ V_0 で打ち上げ
られ，上昇中の時刻 $t = T$ のときに開花す
るとしよう．爆発は短時間に等方的に生じ

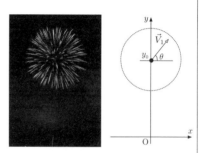

図 **1.2.4**　花火が開花

るため，多くの星が花火玉の中心に対して同じ速さ V_1 であらゆる方向に飛び始める
と考えよう．つまり，それぞれの星は，光りながら放物運動を始めることになる．以
下では，簡単のため，水平方向を x 軸，鉛直方向を y 軸（上向きを正）とした 2 次元
平面上での星の運動を考えることにする（図 1.2.4）．

花火が開花した位置は，$(x_0, y_0) = (0, \boxed{\text{ウ}})$ であり，そのときの花火玉の速度
は上向きに $V_y = \boxed{\text{エ}}$ である．いま，1 つの星が水平方向から角度 θ の方向に
飛び出したとすれば，その星の位置 (x, y) は，時刻 $t\ (> T)$ では，

$$\begin{cases} x = \boxed{\text{オ}} \\ y = y_0 + V_y(t - T) + \boxed{\text{カ}} \end{cases} \tag{1.2.7}$$

となる．この式は，時刻 t をパラメータとする式であるが，星の飛び出す方向 θ をパ
ラメータと考えてもよい．つまり，星それぞれの軌跡が，θ と t を指定することでこ
の式で得られることになる．

(2) 式 (1.2.7) の 2 式から，θ を消去し，時刻 t で星を結んでできる図形を表す式を
求めよ．

(3) 時間が経つにつれて花火の形がどのようになっていくか，得られた式から説明せ
よ．2 次元平面上での説明でよい．

▶**解** 　花火玉が炸裂したとき，花火玉の位置 (x_0, y_0) と速度 (V_x, V_y) は，

$$(x_0, y_0) = \left(0, \underset{\text{ウ}}{\underline{V_0 T - \frac{1}{2}gT^2}}\right), \quad (V_x, V_y) = (0, \underset{\text{エ}}{\underline{V_0 - gT}}) \tag{1.2.8}$$

炸裂後の星の位置は

$$\begin{cases} x = \underset{\text{オ}}{\underline{(V_1 \cos\theta)(t - T)}} \\ y = y_0 + V_y(t - T) + \underset{\text{カ}}{\underline{(V_1 \sin\theta)(t - T) - \frac{1}{2}g(t - T)^2}} \end{cases} \tag{1.2.9}$$

(1) この 2 つの式から，$\cos^2\theta + \sin^2\theta = 1$ を用いて θ を消去すると，

$$\left\{\frac{x}{V_1(t - T)}\right\}^2 + \left\{\frac{y - y_0 - V_y(t - T) + \frac{1}{2}g(t - T)^2}{V_1(t - T)}\right\}^2 = 1$$

すなわち

$$x^2 + \left\{y - y_0 - V_y(t - T) + \frac{1}{2}g(t - T)^2\right\}^2 = \{V_1(t - T)\}^2 \tag{1.2.10}$$

(2) 式 (1.2.10) は，中心 $\left(0, y_0 + V_y(t - T) - \frac{1}{2}g(t - T)^2\right)$，半径 $V_1(t - T)$ の円を表
す．中心の y 座標は，$V_0 t - \frac{1}{2}gt^2$ と表してもよい．つまり，花火の星は，中心を移動
させながら，次第に半径を大きくする円を描く．　　　　　　　　　　　　　　□

　問題 1.2.2 で得られたことは，ある高さの点からさまざまな方向に飛び出した星は，そ
れぞれが放物線を描くが，同時刻で結んでみると，それらは円を描く，ということだ．実
際にはこれを y 軸のまわりに回転させたように，立体的な球状に広がっていくことになる．

　打ち上げ花火の大きさは，火薬玉の大きさ（寸法）によって，3 号玉（筒の半径が 3 寸 =
約 9 cm）から 40 号玉（= 4 尺 = 120 cm）まであるという．10 号（30 cm，尺玉と呼ばれ
る）で約 8 kg の重さである．開花したときの直径は 3 号玉で 60 m，5 号玉で 150 m，10
号玉で 300 m，40 号玉で 800 m となる．打ち上げる高さも安全性などの点から決まって
いて，3 号玉で 125 m，5 号玉で 190 m，10 号玉で 330 m，40 号玉で 800 m 程度である．

　10 号玉をモデルに図示してみよう．火薬玉は打ち
上げられた最高点の高さ 330 m で炸裂するとして，
$V_1 = 30$ m/s とすれば，花火の直径が約 5 秒後に
300 m 程度になる．

　図 1.2.5 は，式 (1.2.10) を用いて開花後から 8 秒
間の円を毎秒描いたものと，式 (1.2.9) を用いて各方
向へ飛び去った星の軌跡を重ねて示したものである．
この図は遠方から眺めたときの図であるが，真下から
見上げて眺めたとすればどうなるだろうか（考えてみ
よう）．

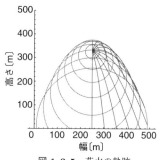

図 1.2.5　花火の軌跡

　傘や，ニコニコマークが描き出される型物花火では，
花火の断面にそのような星を配置しておく．模様は当然，一平面上になる．打ち上げられ
た花火玉は回転しながら飛ぶため，花火師は，型物花火の場合には，凧のように花火玉に
しっぽをつけて，回転を制御するそうだ．

1.3 ずっと続く階段

■反発係数（はね返り係数） ★☆☆

一直線上を運動する2つの物体を衝突させたとき，どのくらい速度変化が生じるのかを示すのが**反発係数**（はね返り係数）である．衝突前の2物体の速度をそれぞれ v_1, v_2，衝突後の速度をそれぞれ v_1', v_2' とすると，反発係数 e は，

$$e = -\frac{v_1' - v_2'}{v_1 - v_2} \tag{1.3.1}$$

で定義される．$e = 1$ は力学的エネルギーが保存する弾性衝突であり，$0 < e < 1$ は非弾性衝突である．$e = 0$ は完全非弾性衝突といい，2つの物体は衝突後一緒になって運動する．このことをまず確認しておこう．

問題 1.3.1

速さ v_1 の球1（質量 m_1）が，静止している球2（質量 m_2）に正面衝突した（図 1.3.1）．衝突は水平面上で生じ，床面の摩擦はなく，衝突の前後で運動は一直線上であるとする．衝突後は，球1の速度は v_1' に，球2は v_2' になったとする．反発係数を e とする．

(1) 運動量保存則と反発係数の式から v_1', v_2' を求め，衝突前後で失われたエネルギーを求めよ．

(2) $e = 1, e = 0$ のときの運動を論じよ．

図 1.3.1 2物体の衝突

▶解

(1) 運動量保存則と，反発係数の定義から

$$m_1 v_1 = m_1 v_1' + m_2 v_2' \tag{1.3.2}$$

$$e = -\frac{v_1' - v_2'}{v_1} \tag{1.3.3}$$

これらから，衝突後の速度は，

$$v_1' = \frac{m_1 - e m_2}{m_1 + m_2} v_1, \quad v_2' = (1 + e) \frac{m_1}{m_1 + m_2} v_1 \tag{1.3.4}$$

となる．運動エネルギーの減少分 ΔE を求めると，

$$\Delta E = \frac{1}{2} m_1 v_1^2 - \frac{1}{2} m_1 (v_1')^2 - \frac{1}{2} m_2 (v_2')^2 = \frac{1}{2} \frac{(1 - e^2) m_1 m_2}{m_1 + m_2} v_1^2 \tag{1.3.5}$$

となる．$\Delta E \geqq 0$ より，$e \neq 1$ のときには，衝突によって力学的エネルギーが失われることがわかる．

(2) $e = 1$ の場合：式 (1.3.4) より，衝突後の速度は，

$$v_1' = \frac{m_1 - m_2}{m_1 + m_2} v_1, \quad v_2' = \frac{2m_1}{m_1 + m_2} v_1$$

$m_1 \ll m_2$ の状況を考えると，

$$v_1' = \frac{\frac{m_1}{m_2} - 1}{\frac{m_1}{m_2} + 1} v_1 \Rightarrow -v_1, \quad v_2 = 2\frac{\frac{m_1}{m_2}}{\frac{m_1}{m_2} + 1} v_1 \Rightarrow 0$$

となって，球 2 が壁のようにはたらいていることになる．式 (1.3.5) より，全体の力学的エネルギーは保存している．

　$e = 0$ の場合：式 (1.3.4) より，衝突後の速度は，$v_1' = v_2' = \dfrac{m_1}{m_1 + m_2} v_1$．すなわち，球 1 と球 2 は同じ速度で進む．式 (1.3.5) より，失われたエネルギーは $\dfrac{1}{2}\dfrac{m_1 m_2}{m_1 + m_2} v_1{}^2$ である．
□

■床でのはね返り   ★☆☆
　現実には $e = 1$ の衝突というのはありえず，衝突によって変形したり，音（空気の振動）が生じたりして力学的エネルギーを失う．いま，ある高さから水平方向に打ち出されたボールが床との衝突を何回も繰り返す状況を考えてみよう．

問題 1.3.2

　高さ H の位置から水平方向に速さ V でボールを打ち出した．ボールは反発係数 e でなめらかな床と何度も衝突を繰り返しながら進んだ（図 1.3.2）．以下では重力加速度の大きさを g とし，鉛直方向は上向きを正とする．

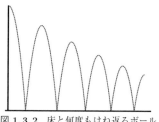

図 1.3.2　床と何度もはね返るボール

　ボールがはじめて床に衝突する直前の速度の鉛直成分は下向きに $v_1 = -\boxed{\text{ア}}$，ボールがはじめて床に衝突した直後の速度の鉛直成分は上向きに $v_1' = \boxed{\text{イ}}$ である．これより，床で 1 回はね返った後の最高点の高さは $h_1 = \boxed{\text{ウ}}$ である．

　打ち出した点からはじめに床に衝突するまでの水平方向の距離は $x_1 = \boxed{\text{エ}}$，そこから 2 度目に床と衝突するまでの水平方向の距離は $x_2 = \boxed{\text{オ}}$ である．

　(3) 床と n 回衝突するときまでに進む水平方向の距離 X_n と，その後の到達する高さ T_n を求め，無限回衝突を繰り返すと，どのようになるか考察せよ．

▶ **解**　水平方向の速度は V のまま保たれる．ボールの質量を m，重力による位置エネルギーの基準面を床とすると，力学的エネルギー保存則

$$mgH + \frac{1}{2}mV^2 = \frac{1}{2}m\left(V^2 + v_1{}^2\right) \tag{1.3.6}$$

より，$v_1 = -\sqrt{2gH}$ ア．反発係数が e で，衝突直後は上向きに $v_1' = -ev_1 = \underline{e\sqrt{2gH}}$ イ．再び力学的エネルギー保存則より，

$$\frac{1}{2}m(v_1')^2 + \frac{1}{2}mV^2 = mgh_1 + \frac{1}{2}mV^2 \tag{1.3.7}$$

を用いると，$h_1 = \underline{e^2 H}$ ウ を得る．

はじめて落下するまでの時間を t_1 とすると，運動の鉛直方向は等加速度運動の式と同じになることから，$H = \frac{1}{2}gt_1{}^2$ より，$t_1 = \sqrt{2H/g}$．したがって，$x_1 = Vt_1 = \underline{V\sqrt{2H/g}}$ エ．

はじめて床と衝突してから，2 度目の衝突までに要する時間 t_2 は，最高点までに $\sqrt{2h_1/g}$ の時間を要することになるから，$t_2 = 2e\sqrt{2H/g}$．したがって，$x_2 = Vt_2 = \underline{2eV\sqrt{2H/g}}$ オ．

(3) n 度目の衝突までの時間 T_n と，打ち出す点からの距離 X_n は

$$T_n \equiv t_1 + t_2 + \cdots + t_n = 2t_1\left(\frac{1}{2} + e + e^2 + \cdots e^{n-1}\right) \tag{1.3.8}$$

$$X_n \equiv x_1 + x_2 + \cdots + x_n = 2x_1\left(\frac{1}{2} + e + e^2 + \cdots e^{n-1}\right) \tag{1.3.9}$$

となる．等比級数の和 ▶付録 A.4 を計算すると，

$$e + e^2 + \cdots + e^{n-1} = e\frac{1 - e^{n-1}}{1 - e} \tag{1.3.10}$$

であるから，n 度目の衝突までは

$$T_n = 2t_1\left(\frac{1}{2} + e\frac{1 - e^{n-1}}{1 - e}\right) = \frac{1 + e - 2e^n}{1 - e}t_1, \tag{1.3.11}$$

$$X_n = 2x_1\left(\frac{1}{2} + e\frac{1 - e^{n-1}}{1 - e}\right) = \frac{1 + e - 2e^n}{1 - e}x_1 \tag{1.3.12}$$

となる．$0 < e < 1$ とすると，$n \to \infty$ としても

$$T = \frac{1 + e}{1 - e}t_1, \quad X = \frac{1 + e}{1 - e}x_1 \tag{1.3.13}$$

となり，無限回の衝突にもかかわらず，有限時間で有限距離まで到達する（実際にはボールには大きさがあるので，無限回衝突までは考えることはできないが）． □

■ 無限に続く階段 ★★☆

今度は，反発係数が，$0 < e < 1$ のときを考え，各段の段差（高さ）が h，奥行（段の長さ）が d の階段が長く続いている場合を考えよう（図1.3.3）．すべての段を順にはね返りながら降りていく運動はどのようなときに成り立つだろうか．

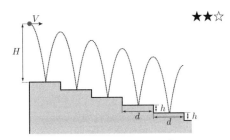

図 1.3.3　長く等間隔に続く階段

問題 1.3.3

はじめの段から高さ H の位置から水平方向に初速度 V を与えて，質量 m のボールを打ち出した．以下でもボールの大きさと空気抵抗は考えないこととする．

図 1.3.4 は階段を横から見た図である．階段のそれぞれの段は水平でなめらかであり，鉛直方向は上向きを正とする．

ボールがはじめて階段に衝突する直前の速度の鉛直成分 v_1，直後の速度の鉛直成分 v_1' は，問題 1.3.2 と同様である．

ボールが 2 つ目の段に衝突する直前の速度の鉛直成分 v_2 を求めよ．

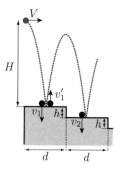

図 1.3.4 図 1.3.3 のはじめの部分の拡大図

▶**解**　$v_1' = e\sqrt{2gH}$ ではね返ったボールは，そこより高さ h だけ下の位置で v_2 になる．位置エネルギーは mgh だけ加わることになるので，力学的エネルギー保存則より

$$\frac{1}{2}m(v_1')^2 + mgh = \frac{1}{2}mv_2^2 \tag{1.3.14}$$

$v_1' = e|v_1| = e\sqrt{2gH}$ であることを用いると，$v_2 = -\sqrt{2g(e^2H + h)}$．　　　□

問題 1.3.4

この運動が図 1.3.3 のような無限に長い階段に対して続くためには，1 段ごとの放物運動が同じように繰り返されることが必要である．

(4) 同じ放物運動が続くためには，鉛直方向の条件として，$v_n = v_{n+1}$ $(n = 1, 2, \ldots)$ でなければならない．このことから，H を e と h を用いて表せ．

同じ放物運動が続くためには，初速度の大きさ V を階段の奥行 d に応じて調整しなくてはいけない．ボールがある段から次の段へ到達する時間を ΔT とすれば，

$$V\Delta T = d$$

の関係が成り立つ．ΔT は，ある段と衝突後にボールが最高点に達するまでの時間 Δt_n と，その最高点から次の段に衝突するまでの時間 Δt_{n+1} との和である．

(5) $\Delta t_n, \Delta t_{n+1}$ を求めよ．そして，初速度 V のみたすべき条件を求めよ．

(6) 反発係数が $e = 0.50$ のとき，$m = 0.10\,\mathrm{kg}$ のボールを，$h = d = 0.30\,\mathrm{m}$ である無限に長い階段で上記の条件をみたすように運動させたい．H と V はどのような値にすればよいか．重力加速度の大きさを $g = 9.8\,\mathrm{m/s^2}$ とする．

▶**解**

(4) 前問の答えから，$v_1 = v_2$ は，$\sqrt{2gH} = \sqrt{2g(e^2H + h)}$．これより，$H = \dfrac{h}{1 - e^2}$

$(v_1 = v_2$ が成り立てば，$v_1 = v_2 = \cdots = v_n = \cdots$ となる).

(5) v'_n で上向きに打ち出されたボールが最高点までに達する時間 Δt_n は，$v'_n - g\Delta t_n = 0$ より，$\Delta t_n = e\sqrt{2H/g}$. 同様に，$v_n$ で落下してくるボールが最高点から経過している時間 Δt_{n+1} は，$v_{n+1} = -g\Delta t_{n+1}$ より，$\Delta t_{n+1} = \sqrt{2H/g}$.

以上より，$\Delta T = (1+e)\sqrt{2H/g}$ であるから，$V\Delta T = d$ に代入して，

$$V = \frac{d}{\Delta T} = \frac{d}{1+e}\sqrt{\frac{g}{2H}} = \frac{d}{1+e}\sqrt{\frac{g}{2\frac{h}{1-e^2}}} = d\sqrt{\frac{g}{2h}\left(\frac{1-e}{1+e}\right)}$$

を得る.

(6) (4) の答えに h, e を代入して，$H = 0.40\,\mathrm{m}$. (5) より，$V = 0.70\,\mathrm{m/s}$. □

◗ Coffee Break 2（西洋物理学とはじめて格闘した日本人）

　　ガリレイの裁判にみられるように，キリスト教は地動説の解釈を認めなかった．そのため，イエズス会の宣教師たちは，天動説を頑なに守りながら，最新の天文観測データを日本と中国に伝えることになった．日本や中国では，暦を正確に作ることが政権を握った者の役目であったため，天動説であったとしても惑星の運行や日食・月食の予報が正確にできればそれで問題とはならなかった．江戸時代の天文方が参考にした中国の書でも，プトレマイオスの周転円による説明か，ティコ・ブラーエが信じていた「地球のまわりを太陽が周回し，惑星は太陽を周回する」という地動説の一歩手前の説どまりだった．

　　江戸時代後期，オランダ語に翻訳された物理の本が日本にもたらされる．ニュートンの直弟子だったケイル（J. Keill, 1671–1721）の講義録『物理学入門』（1702）をオランダのルロフス（J. Lulofs, 1711–68）が，1741 年にオランダ語に翻訳したものである．

　　長崎でオランダ人通訳として働いていた志筑忠雄（1760–1806）は，20 歳の頃この本と出会い，職を辞し，その後 20 年以上の長きにわたって，ケイルの著の理解に挑んで『暦象新書』としてまとめた．志筑が新しく訳語として当てた言葉には，力・求力（引力）・真空・属子（分子）・蝕・粘・柔軟・無量・合成・液・案・法・重力・遠心力・動力・速力などがある．彼の天動説・地動説という言葉は，その後中国に伝わることになった．

　　志筑は単なる翻訳ではなく，自分なりに理解した注釈を多数加えている．志筑は，ニュートン理論は現象論的であって原理的側面に欠けていると感じたようだ．西洋の「神」に相当するものを求めて，東洋思想の「気」に由来を求めてゆく．陰陽五行論を背景とする東洋的自然哲学を土台として，ケイルに記載された粒子の集合が引力をもたらす説明を試み，そして独自の天体（太陽系）の形成論を提案した．この業績は同時代のカントの太陽系起源説（1755）やラプラスの説（1796）に並ぶ功績といわれている．近代自然科学の土壌が皆無だった日本で，個人の努力が，西洋での宇宙起源論に匹敵するほどに成長を遂げたのである．

1.4 工事現場の杭打ち

建設現場では，地中深くに杭を打って，土台をしっかりと固定する作業が欠かせない．杭を打ち込む際にはおもりを高いところから自由落下させて，杭に衝突させ，地中を進ませる．杭を2回，3回と打ち続ける場合を考えてみよう．1回ごとにおもりの落下距離が伸びていく問題である．

問題 1.4.1

　図1.4.1のように，質量 m のおもりを，質量 M の杭の頭にまっすぐに衝突させて，杭を地中に埋め込む装置を考える．

　はじめ，杭の頭は地面から H の高さにある．おもりは，地面から $H+L$ の高さの位置までロープで引き上げられている．この状態から，ロープを急にゆるめると，おもりはガイドに沿って鉛直方向に落下する．以下では，ガイドとおもりの間の摩擦は無視して，自由落下と考える．また，重力加速度の大きさを g とし，ロープの質量は考えないものとする．

　ロープをゆるめ，おもりが杭を地面に押し込んで止まり，再びおもりをストッパーの位置へ引き上げるまでの操作を考えよう．

　おもりが杭の頭に到達するときの速さ v_1 は ┃ ア ┃ である．おもりと杭の衝突は瞬間的で，運動量が保存する．ここでは，衝突後に両者が一体となって動くと考えると，衝突直後のおもりと杭の速さ V_1 は，┃ イ ┃ である．

(1) 地中に埋め込まれる際に，杭にはたらく抵抗力の大きさは常に上向きに F で，地面からの深さや杭の速さによらず一定値とし，$F > (m+M)g$ とする．杭が埋め込まれる距離を x_1（ただし $x_1 < H$）とすると，x_1 の大きさは L に比例して，$x_1 = kL$ と書ける．k を m, M, g, F を用いて表せ．

(2) 上記の操作の後，2回目の杭打ち操作を行った．2度目に杭が地面に埋め込まれる長さを x_2，同様にして3度目に杭が打ち込まれる長さを x_3 とすると，k を用いて

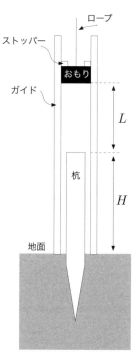

図 1.4.1　杭打ち機

$$x_2 = k(L + x_1) \qquad = \boxed{} \times L$$
$$x_3 = k(L + x_1 + x_2) = \boxed{} \times L \qquad (1.4.1)$$

などとなる．いま，3度目の打ち込みで，杭の頭がちょうど地面に到達した．このとき，L を k, H で表すと，$L = \boxed{} \times H$ となる．

(3) 杭の頭が地面に到達したときまでに，おもりと杭の衝突で失われた力学的エネルギーの合計 Q を考えよう．おもりを引き上げるのに要した仕事の総和を W とする．W には，図1.4.1のはじめの状態を作るときまでに，おもりを地面から引き上げるのに要した仕事も含むものとする．Q を W, M, F, H, g を用いて表せ．

▶ **解** 力学的エネルギー保存則より，

$$mgL = \frac{1}{2}mv_1^2$$

から $v_1 = \underline{\sqrt{2gL}}_{ア}$ を得る．合体後の速さ V_1 は，問題1.3.1で求めたように，

$$V_1 = \frac{m}{m+M}v_1 = \underline{\frac{m}{m+M}\sqrt{2gL}}_{イ}$$

(1) 力学的エネルギーと仕事の関係から，

$$\underbrace{\frac{1}{2}(M+m)V_1^2}_{\substack{(衝突直後の\\運動エネルギー)}} + \underbrace{(M+m)gx_1}_{\substack{(静止するまでに失う\\位置エネルギー)}} = \underbrace{Fx_1}_{\substack{(抵抗力に対して\\した仕事)}}$$

これより，$x_1 = \dfrac{(M+m)V_1^2}{2\{F-(M+m)g\}} = \dfrac{m^2 g}{\{F-(M+m)g\}(M+m)}L.$

(2) $x_2 = \underline{k(1+k)}_{ウ}L$，$x_3 = \underline{k(1+k)^2}_{エ}L$，$L = \underline{\dfrac{1}{k(k^2+3k+3)}}_{オ}H$ となる．

$x_1, x_2, x_3, \ldots$ は，$x_n = k(1+k)^{n-1}L$ として与えられる．これは，初項が kL，公比が $(1+k)$ の等比数列であるから，n 回目までの杭の打ち込まれる長さ S_n は

$$S_n = \sum_{k=1}^n x_k = \frac{1-(1+k)^n}{1-(1+k)}kL = \{(1+k)^n - 1\}L$$

となる．（オ）の別解として，$L = \underline{\dfrac{1}{(1+k)^3-1}}_{オ}H$ とも書くことができる．

(3) エネルギーと仕事の関係から，$MgH + W = Q + FH$．したがって，

$$Q = (Mg-F)H + W \qquad \qquad \square$$

問題 1.4.2

図 1.4.1 で考えた杭打ち機において，おもりと杭の衝突が弾性衝突の場合を考える．

おもりが自由落下して杭と衝突したのち，重力以外の仕事がなければ，おもりは杭と衝突・反発を繰り返し，やがて杭の上で静止する．最終的に杭が埋め込まれる長さを y_1（ただし，$y_1 \leqq H$）とする．図 1.4.2 は，最初と最後の状態を示す．

(4) y_1 は問題 1.4.1(1) の x_1 の何倍か．導出過程を示し，最終的な答えを m と M で表せ．

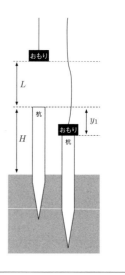

図 1.4.2　杭打ち初回の最初と最後

▶解　(4) エネルギーと仕事の関係から，$mg(L + y_1) + Mgy_1 = Fy_1$．したがって，

$$y_1 = \frac{mgL}{F - (m+M)g} = \frac{m+M}{m}x_1 \quad \Rightarrow \quad \frac{m+M}{m} \text{ 倍}$$

なお，問題 1.3.1 で，合体する場合に衝突前後で失われるエネルギーの初期のエネルギーからの比を計算すると，$m_2/(m_1 + m_2)$ 倍となる．したがって，この分のエネルギーが使えることになり，問題 1.4.1 の場合の $(M + m)/m$ 倍のエネルギーが与えられる．さらにエネルギー比で杭の埋め込まれる長さが決まることがわかれば，答えを導くこともできる．問題 1.4.1 と問題 1.4.2 の状況設定は，反発係数の両極端の場合なので，現実はこの 2 つの間の値になると考えられる．

問題 1.4.3

問題 1.4.1 と問題 1.4.2 で考えた杭打ちの設定では，杭を打ち込むときにはたらく抵抗力の大きさ F は一定であると仮定した．実際に打ち込むとき，打ち込む回数に応じて F は次第に大きくなるか，それとも小さくなるか．ただし，ここでも地盤の硬さは一定であるとする．

▶解　大きくなる．抵抗力は杭が地中に埋め込まれる際に接触面から生じている．打ち込まれるに従って接触する面積が増えることから F は大きくなっていく．

1.5 ジェットコースター

■5両編成のジェットコースター ★☆☆

ジェットコースターの最前列と最後列ではどちらが怖い？　当然最前列，と答える人もいるけれど，物理的にはどうなのだろうか．高校物理で扱う力学は，大きさのない「質点」の運動だが，現実には大きさのある「物体」である．その違いを考えてみよう．

問題 1.5.1

図 1.5.1 に示すようなジェットコースターのレールがある．地面から高さ h の点 A から速度ゼロでスタートし，半径 h の円弧状のレール ABC をすべり，点 C からは半径 $2h$ の円弧状のレールで頂上の点 D を通り過ぎる．軌道円の中心を O_1, O_2 とする．角 BO_1C を θ とする．O_1CO_2 は一直線上にあり，点 D は点 A よりも低い位置にある．重力加速度の大きさを g とする．

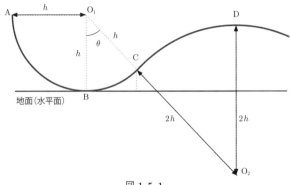

図 1.5.1

まず，このレール上を質量 m のボールを転がす．ボールは質点と考え，レールとの間には摩擦はないとする．点 C の地面からの高さは ア であり，ボールが点 C に到達したときの速さは，イ である．ボールの視点で考えると，ボールには重力と遠心力とレールからの垂直抗力がはたらいている．ボールが点 C に到達する**直前**の垂直抗力の大きさは ウ，点 C を通過した**直後**の垂直抗力の大きさは エ となって，ジェットコースターで点 C を通過するときの体感が大きく異なることがわかる．

(1) ボールが点 D を通過するとき，レールから離れないことを示せ．

▶解

ア 点 C の地面からの高さは $h(1 - \cos\theta)$ である.

イ 力学的エネルギー保存則より, 求める速さを v_C とすると,

$$mgh = mgh(1 - \cos\theta) + \frac{1}{2}mv_C{}^2$$

これより, $v_C = \sqrt{2gh\cos\theta}.$

ウ レールに直交する方向の力のつりあいを考えると, 垂直抗力 N は,

$$N = mg\cos\theta + m\frac{v_C{}^2}{h} = 3mg\cos\theta$$

エ レールに直交する方向の力のつりあいを考えると, 垂直抗力 N は,

$$N = mg\cos\theta - m\frac{v_C{}^2}{2h} = 0$$

このことから, ジェットコースターで点 C を通過するときの体感が大きく異なることがわかる.

(1) 点 D の地面からの高さは $3(1 - \cos\theta)h$ である. エネルギー保存則

$$mgh = mg \cdot 3(1 - \cos\theta)h + \frac{1}{2}mv_D{}^2$$

より $v_D{}^2 = g(2 - 3\cos\theta)h.$ 点 D での力のつりあいから, 垂直抗力 N は

$$N = mg - m\frac{v_D{}^2}{2h} = mg - mg(2 - 3\cos\theta)$$
$$= 3mg(1 - \cos\theta) \geqq 0$$

したがって, θ によらず, レールからボールが離れることはない. □

$v_D{}^2 = g(2 - 3\cos\theta)h$ の式から, 点 D までボールが転がるためには, レールの設定として $\cos\theta < 2/3$ でなければならないこともわかる.

問題 1.5.2

次に, 5 両編成のジェットコースターがレール上を走る場合を考えよう. どの車両も同じ構造で同じ質量であり, 全体の質量を m とする. また, 5 両全体の長さを ℓ とし, 車両の高さは考えないものとする. しっかりと連結されているので, どの車両も進行方向に同じ速さで運動する. ジェットコースターの中央が点 A にある状態で初速度ゼロで動き出した. 車両の車輪とレールとの摩擦はないとする.

(2) 先頭車両, 3 両目, および 5 両目の中央が点 D に到達したときの速さをそれぞれ v_1, v_3, v_5 とする. これらの大小関係を示せ.

(3) ボールを転がして点 D に到達したときの速さ v_D と, v_3 の大小関係を示し, その理由を定性的に述べよ.

(4) 進行方向の加速度を比較しよう. このジェットコースターの先頭車両が点 D に到達したときの進行方向の加速度 a_1 と, 3 両目が点 D に到達したときの a_3, および 5 両目が点 D に到達したときの a_5 について, それぞれ {正・負・ゼロ}

のどれかを示せ.

5両編成のジェットコースターを仮定し, その全体の長さを ℓ としたが, 問題は定性的なことだけを答えさせるのでこの長さ情報は不要である. 大きさのある物体の運動は, その**重心**の運動で代表して考えると便利なことが多い. 一様で直線状の物体であればその中央であるが, 茶筒のような円筒状の物体ならばその中心軸上だ.

▶ **解**

(2) 点 D の山を越えようとするジェットコースターの重心は, 前後の車両が点 D よりも低いところにあるために, 点 D よりわずかに低い. 先頭車両が点 D にあるとき, あるいは最後部車両が点 D にあるときの重心はさらに低い. その違いが運動エネルギーの差になるので, $v_1 = v_5 > v_3$.

(3) $v_3 > v_D$

(理由) 5両あるコースターが点 D を通過するとき, その重心は常に点 D よりも低くなる. そのため点 A との高さの差が増すので速さは大きくなる.

(4) a_1: 負, a_3: ゼロ, a_5: 正

(理由) 3両目が点 D に達すると, 重心が最高点に達するので速度が最小になる. それまでは減速, 以降は加速することになる. 1両目が点 D に達したとき, まだ重心は上昇中なので, 全体の速度は減速中である. 3両目が点 D に達すると, 重心が最高点に達するので速度が最小となり, 5両目が点 D に達したときは重心は下降中で加速している. □

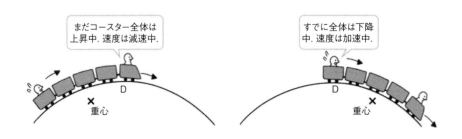

図 **1.5.2** ジェットコースターは後ろの方が怖い?
(真貝寿明『日常の「なぜ」に答える物理学』森北出版, 2015)

先頭車両から点 D 通過が順々に経過していくと, 重心は上昇・最高点・下降となるので, 放物運動を思い浮かべてもよい. 3両目が点 D に到達したときに, 重心は最高点になるので, この瞬間にジェットコースター全体の速度が最小になる. すなわち進行方向の速度変化は減速・ゼロ・加速と変化する. ジェットコースターの先頭に乗ると, 最高点 D にいるときはまだ減速中なので, 点 D からの眺めを楽しむことができるだろう. ジェットコースターの最後尾にいると, まだ最高点 D に到達する前から加速状態に入り, 点 D 通過時は

先頭車両よりも上向きに遠心力を受けて飛び出す感じを受けるはずだ. つまり, 乗り心地としては, 先頭車両よりも最後尾車両の方が恐怖感が強いと思われる.

また, ホースに水を流すと先の方ではホースがよく揺れる. これは先の方ほど揺れが増幅されていく効果である. ジェットコースターも乗客が少ないと, 後ろの方の車両はよく横揺れするそうだ. 乗客の少ないときには後ろには人を乗せずにおもりを置くこともあるという.

さて, 皆さんはジェットコースターは前に乗る? それとも後ろに乗る?

■線路のカント   ★☆☆

> **問題 1.5.3**
>
> 速さ V で走る電車が, 水平面上で半径 R のカーブにさしかかった. 車内の乗客は, カーブ通過時に, 遠心力と重力の合力を「見かけの重力」として感じることになる. この「見かけの重力加速度」の大きさ g' は　オ　となる.
>
> 車内では, カーブに入る前から進行方向に直交する面内で振れる単振り子があった. この単振り子の周期は, カーブ通過時には, カ { 長くなる・変わらない・短くなる }. 乗客が不快としない遠心力の大きさは, その加速度が $0.90\,\mathrm{m/s^2}$ 以下とされている.
>
> (5) 速さ $30\,\mathrm{m/s}$ で走行する電車を走らせるとき, 線路を水平に敷くとするならば, 乗客が不快とならないためには, カーブの半径をいくら以上にする必要があるか.

▶解

オ $\sqrt{g^2 + \left(\dfrac{V^2}{R}\right)^2}$

カ 振り子の周期は, 重力加速度の $-1/2$ 乗に比例する. 見かけの重力加速度が大きくなるので, 周期は短くなる.

(5) 加速度の大きさ a が, $a = \dfrac{V^2}{R} \leqq 0.9$ であればよい. $R \geqq 30^2/0.9 = 1000\,\mathrm{m}$. □

秒速 $10\,\mathrm{m/s}$ は, 時速 $36\,\mathrm{km/h}$ に相当するので, (5) の設定は時速 $108\,\mathrm{km/h}$ の電車の問題である. 振り子の周期 T は, ひもの長さを ℓ とすると,

$$T = 2\pi\sqrt{\frac{\ell}{g'}}$$

であるから, g' が大きくなれば周期は短くなる. 地上での振り子の周期 T_0 との違いは, $\dfrac{T}{T_0} = \sqrt{\dfrac{\ell}{g'}} \Big/ \sqrt{\dfrac{\ell}{g}} = \sqrt{\dfrac{g}{g'}} = \sqrt{\dfrac{g}{\sqrt{g^2 + (V^2/R)^2}}}$ なので, (5) で求めたぎりぎりの加速度の場合, $\dfrac{T}{T_0} = \sqrt{\dfrac{9.8}{\sqrt{9.8^2 + 0.9^2}}} = 0.998$ となる. 0.2% 違うことになる.

問題 1.5.4

　カーブする箇所の線路は，脱線を防ぐために，図 1.5.3 のように，カーブの外側を少し高くしている（その高さをカントという）ことが多い．レール間隔 L に対して，カントを H とし，その水平からの傾き角を θ〔rad〕とする．$\sin\theta = \dfrac{H}{L}$ となるが，以下では θ は小さい値なので，$\sin\theta \fallingdotseq \tan\theta \fallingdotseq \theta$ の近似を使うことにしよう.

(6) 半径 500 m のカーブを，速さ 30 m/s で電車を走らせるとき，車内の「見かけの重力」の向きが車内で真下に感じられるようにするためには，線路につける傾き角 θ はいくらにすればよいか．〔rad〕で答えよ.

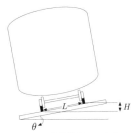

　実際には，カーブ上で電車が停止する場合もあり，その際に電車が横転しないようにするために，線路の傾き角 θ には制限が必要である．日本の鉄道では，θ の最大角は 在来線で 0.10 rad，新幹線で 0.14 rad として線路が敷設されている.

図 1.5.3　曲線線路にみられるカント

(7) 半径 500 m のカーブで，$\theta = 0.10$ rad の傾き角をつけるとき，車内での見かけの重力の向きが真下に感じられるような電車の通過速度はいくらか．必要であれば，$\sqrt{10} \fallingdotseq 3.16$ を用いよ.

▶解

(6) $\tan\theta = \dfrac{MV^2/R}{Mg} = \dfrac{V^2}{gR}$ より，$\theta \fallingdotseq \dfrac{V^2}{gR} = \dfrac{30^2}{9.8 \times 500} = 0.183$.

(7) $0.10 = \dfrac{v^2}{gR}$ より，$v = \sqrt{0.10 \cdot 9.8 \cdot 500} = \sqrt{490} = 7\sqrt{10} = 22.1$ m/s.　　　　□

　実際のレールにはカントと呼ばれる傾きがつけられている．(6) と (7) では同じ 500 m のカーブの問題だが，現実の制限をつけると通過できる速度に制限が生じている，というオチだ.

　2005 年 4 月 25 日，JR 西日本の福知山線塚口駅近くで起きた脱線事故は，曲率半径 304 m で制限速度（当時）70 km/h = 19.4 m/s のカーブで起きた．この数値で，見かけの重力方向が車両の真下方向となるのに必要な角は，0.127 rad となる．脱線した電車は速さ 116 km/h = 32.2 m/s でカーブに侵入したとされている．この速さで見かけの重力方向が車両の真下とするためには $\theta = 0.348$ rad．この場所のカント角を 0.10 rad，レール幅 $L = 1.068$ m だと内側の車輪が 26 mm 浮き上がる．実際には車内が混んでいれば重心が上になるので，外向きにモーメントを受けてさらに車輪が外れることになる．現場のカーブは，現在では制限速度 60 km/h で運用されているそうだ.

1.6 重心運動と相対運動

■ ばねによる単振動 ★☆☆

ばねが及ぼす力の大きさ F は，自然長からの伸びを x とすれば，

$$F = -kx \tag{1.6.1}$$

と表される（ばねが縮むときは $x < 0$ とする）．k〔N/m〕はばね定数で，ばねの強さを表す．マイナスの符号は変位 x に対してばねの力が復元力としてはたらくことを示す（ばねは，自然長から伸びると縮もうとし，自然長から縮むと伸びようとする）．ばねに質量 m のおもりをつなぐと，おもりの運動方程式は，加速度を a として

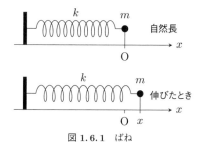

図 1.6.1　ばね

$$ma = -kx \tag{1.6.2}$$

となる．

加速度が変位 $x(t)$ の時間の 2 階微分であることから運動方程式は

$$m\frac{d^2 x}{dt^2} = -kx \tag{1.6.3}$$

の形の微分方程式になる．

本書では第 2 巻で若干触れるが ▶第 2 巻付録 B ，（大学で習う）微分方程式の解法によると，式 (1.6.3) の解は

$$x(t) = C_1 \cos\sqrt{\frac{k}{m}}t + C_2 \sin\sqrt{\frac{k}{m}}t \tag{1.6.4}$$

あるいは

$$x(t) = A \sin\left(\sqrt{\frac{k}{m}}t + \alpha\right) \tag{1.6.5}$$

となり，おもりは単振動することがわかる（式 (1.6.4) や式 (1.6.5) が式 (1.6.3) をみたすことは簡単に確かめられる）．ここで，C_1, C_2 あるいは A, α は初期条件によって決まる定数である．単振動の周期（一往復する時間）T は，振動の位相が 2π ずれる時間であるから，

$$\sqrt{\frac{k}{m}}T = 2\pi \quad \text{の関係から} \quad T = 2\pi\sqrt{\frac{m}{k}} \tag{1.6.6}$$

となり，初期条件には依存しない．最後の周期の式は，高校物理では公式とされるが，このように導かれるものである．

■ 両端が壁で固定されている連結ばね ★☆☆

問題 1.6.1

L 離れて固定された 2 つの壁の間に，2 本の同じばねと質量 m の小球を図 1.6.2 のようにつないだ．ばねの自然長は $L/2$，ばね定数は k とする．図の右向きに x 軸をとり 2 つの壁から等距離にある点を原点 O とする．

小球が原点から x だけ右に変位したとき，小球は右側のばねからは　ア　の力を受け，左側のばねからは　イ　の力を受ける．

(1) 加速度を a として運動方程式を立て，小球の振動数 f（1 秒間に振動する回数）を求めよ．

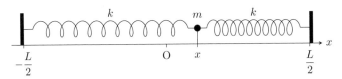

図 1.6.2 両端を固定した 2 本の連結ばねと小球

▶ **解**

(1) 右のばねから $\underline{-kx}_{\text{ア}}$，左のばねからも $\underline{-kx}_{\text{イ}}$ の力を受けるので，運動方程式は

$$ma = -2kx \tag{1.6.7}$$

となる．この式は，小球が原点を中心として単振動をすることを示し，その周期は，$T = 2\pi\sqrt{\dfrac{m}{2k}} = \pi\sqrt{\dfrac{2m}{k}}$．したがって，振動数は $f = \dfrac{1}{T} = \dfrac{1}{\pi}\sqrt{\dfrac{k}{2m}}$ である． □

ばねの自然長を ℓ として，$\ell \neq \dfrac{L}{2}$ のときは，$x = 0$ ではばねは $\dfrac{L}{2} - \ell$ 伸びている．この値が負のときにはばねは縮んでいるが，以下では負の伸びは縮みを表すと解釈してすべて「伸び」と表現することにする．このとき小球の運動方程式は

$$ma = -k\left\{\left(\frac{L}{2} + x\right) - \ell\right\} + k\left\{\left(\frac{L}{2} - x\right) - \ell\right\} = -2kx \tag{1.6.8}$$

となるので，問題 1.6.1 の場合と運動は変わらない．言い換えれば，ばねの自然長は運動に寄与しない．

それでは，2 つのばねの自然長が異なり，図 1.6.2 で左のばねの長さが ℓ_1，右のばねの長さが ℓ_2，かつ $\ell_1 + \ell_2 \neq L$ のときはどのようになるか考えてみよう．小球が位置 x にあるとき，2 つのばねの長さはそれぞれ $\dfrac{L}{2} + x$，$\dfrac{L}{2} - x$ となるので，運動方程式は

$$ma = -k\left\{\left(\frac{L}{2} + x\right) - \ell_1\right\} + k\left\{\left(\frac{L}{2} - x\right) - \ell_2\right\} = -2kx + k(\ell_1 - \ell_2)$$

$$= -2k\left(x - \frac{\ell_1 - \ell_2}{2}\right) \tag{1.6.9}$$

となる．ここで $x - \dfrac{\ell_1 - \ell_2}{2} = X$ とおく，すなわち $x = \dfrac{\ell_1 - \ell_2}{2}$ を原点とする座標系に

移る．原点の位置が変わっても変位（座標の差）は変わらないので，どちらの座標系でも速度（位置が変化する割合）は同じで，速度の変化の割合である加速度も同じである．その結果，運動方程式は式 (1.6.7) で x を X に置き換えた式と同じになる．したがって小球は $x = \dfrac{\ell_1 - \ell_2}{2}$ を中心とする単振動を行う．周期は $\pi\sqrt{\dfrac{2m}{k}}$ で，ℓ_1, ℓ_2 と関係がない．単振動の中心は，加速度がゼロで 2 つのばねの力がつりあう点である．

ここでみたように，ばねにつながれた小球の運動を考えるときは，つりあいの位置を原点とする座標 X を用いると便利である．運動方程式は，小球がつりあいの位置にあるときにばねが自然長であると見なして立てればよい．小球が位置 X にあるとき，ばねに蓄えられる弾性力による位置エネルギーは

$$\frac{k}{2}\left\{\left(\frac{L}{2} + \frac{\ell_1 - \ell_2}{2} + X\right) - \ell_1\right\}^2 + \frac{k}{2}\left\{\left(\frac{L}{2} - \frac{\ell_1 - \ell_2}{2} - X\right) - \ell_2\right\}^2$$
$$= \frac{k}{2}\left(\frac{L - \ell_1 - \ell_2}{2} + X\right)^2 + \frac{k}{2}\left(\frac{L - \ell_1 - \ell_2}{2} - X\right)^2 = kX^2 + k\left(\frac{L - \ell_1 - \ell_2}{2}\right)^2$$

であるが，位置エネルギーの基準点（位置エネルギーがゼロの点）は任意にとれるので，$X = 0$ の位置を基準点ととれば kX^2 となる．これは，つりあいの位置（$X = 0$）でばねが自然長と見なしたときの位置エネルギー $\dfrac{k}{2}X^2 + \dfrac{k}{2}X^2$ に他ならない．

問題 1.6.2

次に，3 本の同じばねと質量 m の 2 つの同じ小球 M_1, M_2 を図 1.6.3 のようにつないだ．ばね定数は k で，つりあいの位置からの M_1, M_2 の変位を右向きにそれぞれ x_1, x_2，加速度を a_1, a_2 とする．

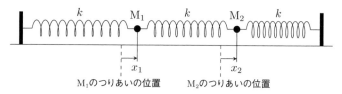

図 **1.6.3** 3 本のばねと 2 つの小球

(2) M_1, M_2 それぞれの運動方程式を立てよ．

(3)
$$x_S = x_1 + x_2, \quad a_S = a_1 + a_2$$

とする．x_S がみたす方程式を求め，この点がどのような運動をするか述べよ．

(4)
$$x_A = x_1 - x_2, \quad a_A = a_1 - a_2$$

とする．x_A がみたす方程式を求め，この点がどのような運動をするか述べよ．

▶ 解

(2) M_1, M_2 がつりあいの位置にあるときのばねの長さを自然長と見なし，それぞれの座標はつりあいの位置からの変位 x_1, x_2 とする．このとき，真ん中のばねの伸びは $x_2 - x_1$ であるから，M_1, M_2 の運動方程式は，次のようになる．

$$ma_1 = -kx_1 + k(x_2 - x_1) = -2kx_1 + kx_2 \qquad (1.6.10)$$

$$ma_2 = -k(x_2 - x_1) - kx_2 = -2kx_2 + kx_1 \qquad (1.6.11)$$

(3), (4) 式 (1.6.10), (1.6.11) をそれぞれ加えた式と減じた式を用意すると，

$$m(a_1 + a_2) = -k(x_1 + x_2) \quad \Rightarrow \quad ma_S = -kx_S \qquad (1.6.12)$$

$$m(a_1 - a_2) = -3k(x_1 - x_2) \quad \Rightarrow \quad ma_A = -3kx_A \qquad (1.6.13)$$

となる．これらはそれぞれ振動数が $f_S = \dfrac{1}{2\pi}\sqrt{\dfrac{k}{m}}$ と，$f_A = \dfrac{1}{2\pi}\sqrt{\dfrac{3k}{m}}$ の単振動を表し，その解は以下のように書ける（式 (1.6.4) 参照）．

$$x_S = x_1 + x_2 = C_1 \cos\sqrt{\frac{k}{m}}\,t + C_2 \sin\sqrt{\frac{k}{m}}\,t$$

$$x_A = x_1 - x_2 = C_3 \cos\sqrt{\frac{3k}{m}}\,t + C_4 \sin\sqrt{\frac{3k}{m}}\,t \qquad \square$$

● ● ●

x_S と x_A を**基準振動**と呼ぶ．これらを用いて，

$$x_1 = \frac{x_S + x_A}{2} = \frac{C_1}{2}\cos\omega_1 t + \frac{C_2}{2}\sin\omega_1 t + \frac{C_3}{2}\cos\omega_2 t + \frac{C_4}{2}\sin\omega_2 t \qquad (1.6.14)$$

$$x_2 = \frac{x_S - x_A}{2} = \frac{C_1}{2}\cos\omega_1 t + \frac{C_2}{2}\sin\omega_1 t - \frac{C_3}{2}\cos\omega_2 t - \frac{C_4}{2}\sin\omega_2 t \qquad (1.6.15)$$

と表せる．ここで，$\omega_1 = \sqrt{\dfrac{k}{m}}$, $\omega_2 = \sqrt{\dfrac{3k}{m}}$ とした．$C_1 \sim C_4$ は初期条件から決まる定数で，一般には複雑な振動をするが，基準振動の重ね合わせである．

もちろん，基準振動も運動方程式の解である．上の例では $C_3 = C_4 = 0$ とすると

$$x_1 = x_2 = \frac{x_S}{2} = \frac{C_1}{2}\cos\omega_1 t + \frac{C_2}{2}\sin\omega_1 t$$

となり，M_1, M_2 共通の振動数 f_S で同じ向きに単振動する．このとき，真ん中のばねの長さは一定である．また，$C_1 = C_2 = 0$ とすると

$$x_1 = -x_2 = \frac{x_A}{2} = \frac{C_3}{2}\cos\omega_3 t + \frac{C_4}{2}\sin\omega_3 t$$

となり，M_1, M_2 は共通の振動数 f_A で逆向きに単振動する．このとき，真ん中のばねの長さは大きく変動し，速い振動となる．実際 $f_A = \sqrt{3}f_S$ である．

小球の数を増やして n 個にして $(n+1)$ 本のばねでつないで振動させると，すべての小球が同じ振動数で振動する基準振動が n 個存在し，一般の振動はその重ね合わせとなる．

■2体の衝突　　　　　　　　　　　　　　　　　　　　　　　　　★★☆

　一直線上を運動する2つの物体が衝突してはね返る様子を，瞬間的な衝突ではなく，間にばねが介在して「ゆっくりと」衝突するモデルで考えてみよう．

問題 1.6.3

　図1.6.4のように質量 M の小球 A が静止している質量 m の小球 B に，左側から速度 v_0 で接近した．B には，ばね定数 k のばねが取り付けられている．ばねの自然長は ℓ であり，質量は無視できる．右向きを正とする x 軸をとり，A, B の位置を x_A, x_B とする．AB 間の間隔が ℓ 以下になると，ばねは各小球に大きさが $x = \ell - (x_B - x_A)$ に比例する斥力を及ぼす．A, B の速度および加速度をそれぞれ v_A, v_B, a_A, a_B とする．

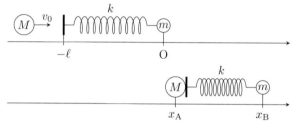

図 1.6.4　2物体の衝突をばねで媒介させたモデル

(5) AB 間の間隔が ℓ 以下のとき，A, B の運動方程式を立てよ．

(6) A, B の重心座標 x_G，重心の速度 v_G，重心の加速度 a_G を

$$x_G = \frac{Mx_A + mx_B}{M+m}, \quad v_G = \frac{Mv_A + mv_B}{M+m}, \quad a_G = \frac{Ma_A + ma_B}{M+m}$$

とする．(5) で得られた運動方程式から，重心がどのような運動をするか述べよ．

(7) A から見た B の位置（相対座標）x_R，B の速度（相対速度）v_R，B の加速度（相対加速度）a_R を

$$x_R = x_B - x_A, \quad v_R = v_B - v_A, \quad a_R = a_B - a_A$$

とする．B から見たとき A がどのような運動をするかを，以下に定義する換算質量 μ を用いて述べよ．

$$\frac{1}{\mu} = \frac{1}{M} + \frac{1}{m} \quad \text{すなわち} \quad \mu = \frac{Mm}{M+m}$$

(8) (7) で求めた方程式を解き，この衝突の**反発係数**（はね返り係数）を求めよ．

▶ **解**

(5)

$$Ma_A = -kx \tag{1.6.16}$$

$$ma_B = kx \tag{1.6.17}$$

(6) 2つの運動方程式から $a_G = 0$ となり，重心は等速直線運動することがわかる．ばねが力を作用する以前は，A は速度 v_0 で動いており B は静止していたので，$v_G = \dfrac{Mv_0}{M+m}$ である．また，$t = 0$ のとき，$x_A = -\ell$，$x_B = 0$ だから，

$$x_G = \frac{Mx_A + mx_B}{M+m} = \frac{M(v_0 t - \ell)}{M+m} \tag{1.6.18}$$

と表される．

(7) (5) の運動方程式から，

$$a_A = -\frac{k}{M}\,x, \quad a_B = \frac{k}{m}\,x \tag{1.6.19}$$

として 2 式の差をとると，

$$a_B - a_A = \left(\frac{1}{M} + \frac{1}{m}\right)kx = \frac{k}{\mu}\,x \tag{1.6.20}$$

となる．この式は $x = \ell - (x_B - x_A) = \ell - x_R$ より，

$$a_R = -\frac{k}{\mu}\,(x_R - \ell) \tag{1.6.21}$$

となり，$x_R = \ell$ を中心とした単振動を表す．ただし，その質量は μ である．

(8) 式 (1.6.21) より，解は

$$x_R = A\cos\sqrt{\frac{k}{\mu}}\,t + B\sin\sqrt{\frac{k}{\mu}}\,t + \ell \quad （A, B は積分定数） \tag{1.6.22}$$

$$v_R = -A\sqrt{\frac{k}{\mu}}\,\sin\sqrt{\frac{k}{\mu}}\,t + B\sqrt{\frac{k}{\mu}}\,\cos\sqrt{\frac{k}{\mu}}\,t \tag{1.6.23}$$

である．$t = 0$ のとき，$x_R = \ell$，$v_R = -v_0$ であることから $A = 0$，$B = -v_0\sqrt{\dfrac{\mu}{k}}$ と決まり，

$$x_R = -v_0\sqrt{\frac{\mu}{k}}\,\sin\sqrt{\frac{k}{\mu}}\,t + \ell, \quad v_R = -v_0\cos\sqrt{\frac{k}{\mu}}\,t \tag{1.6.24}$$

となる．

　x_R はばねの長さを表す．$t = 0$ に小球がばねに接触して衝突が始まり，ばねが縮み始める．$\sqrt{\dfrac{k}{\mu}}\,t = \dfrac{\pi}{2}$ のときにばねは最も短くなり，その後は伸びていく．そして，$\sqrt{\dfrac{k}{\mu}}\,t = \pi$ のときに $x_R = \ell$ となって衝突が終わる．この直後に小球 A はばねから離れ，その後小球 A, B は一定の速度で進む．

　一方，v_R は衝突前に $-v_0$，衝突後に v_0 となる．すなわち小球 B は衝突前に速さ v_0 で小球 A に近づき，衝突後は同じ速さ v_0 で遠ざかるので，はね返り係数は 1 である．　　□

■2体問題   ★★☆

このように，2体の相互作用による運動は，重心座標と相対座標に置き換えると見通しがよくなる．外力が作用しなければ重心座標は等速直線運動を行い，相対運動は力はそのままで換算質量に置き換えた1体問題に帰着する．なお，

$$v_A = v_G - \frac{m}{M+m}v_R, \quad v_B = v_G + \frac{M}{M+m}v_R$$

の関係式が成り立ち，衝突後の A, B の速度は以下のように求められる．

$$v_A = \frac{M-m}{M+m}v_0, \quad v_B = \frac{2M}{M+m}v_0$$

また2個の小球の運動エネルギーの和は，次の式のように，重心運動の運動エネルギーと相対運動の運動エネルギーの和として表される．

$$\frac{1}{2}Mv_A{}^2 + \frac{1}{2}mv_B{}^2 = \frac{1}{2}(M+m)v_G{}^2 + \frac{1}{2}\mu v_G{}^2$$

はね返り係数が e である一般の衝突では，重心の速度 v_G は変化せず，相対速度 v_G が $-e$ 倍となるので，衝突によって失われる運動エネルギーは，衝突前の相対運動のエネルギーの $(1-e^2)$ 倍となることがわかる．

コラム 1 (★★☆ 2 質点の振動)

問題 1.6.2 では,等しい質量の 2 個の小球を同じばね 3 つでつないで,L 離れて固定された壁の間で振動させた.ここでは異なる質量 m_1, m_2 の 2 個の質点をばね定数が k_1, k_2, k_3 で,自然長が ℓ_1, ℓ_2, ℓ_3 の 3 つのばねでつないで振動させることを考える.

左の壁を原点とし右向きを正とする座標系で考える.質点 m_1, m_2 の座標を X_1, X_2 とすると,各ばねの長さは左から X_1, $X_2 - X_1$, $L - X_2$ となり,運動方程式は以下のようになる.

$$m_1 \frac{d^2 X_1}{dt^2} = -k_1(X_1 - \ell_1) + k_2(X_2 - X_1 - \ell_2) \tag{1.6.25}$$

$$m_2 \frac{d^2 X_2}{dt^2} = -k_2(X_2 - X_1 - \ell_2) + k_3(L - X_2 - \ell_3) \tag{1.6.26}$$

質点 m_1, m_2 のつりあいの位置の座標を $\overline{X}_1$, $\overline{X}_2$ とする.つりあいの位置に静止したままでいるのも運動方程式の解で,このとき加速度はゼロだから,次の式が成り立つ.

$$0 = -k_1(\overline{X}_1 - \ell_1) + k_2(\overline{X}_2 - \overline{X}_1 - \ell_2) \tag{1.6.27}$$

$$0 = -k_2(\overline{X}_2 - \overline{X}_1 - \ell_2) + k_3(L - \overline{X}_2 - \ell_3) \tag{1.6.28}$$

式 (1.6.25), (1.6.26) から対応する式 (1.6.27), (1.6.28) を引き,つりあいの位置からの変位をそれぞれ $x_1 = X_1 - \overline{X}_1$, $x_2 = X_2 - \overline{X}_2$ と定義すれば,

$$m_1 \frac{d^2 x_1}{dt^2} = -k_1 x_1 + k_2(x_2 - x_1) \tag{1.6.29}$$

$$m_2 \frac{d^2 x_2}{dt^2} = -k_2(x_2 - x_1) - k_3 x_2 \tag{1.6.30}$$

となる.引き算するときに,ばねの自然長 ℓ_1, ℓ_2, ℓ_3 および壁間の距離 L は相殺されるので,質点の運動にこれらの物理量は寄与しないことがわかる.また,式 (1.6.29), (1.6.30) は,質点がつりあいの位置にあるときばねが自然長であると見なして書き下した式と同じになっている.

つりあいの位置 $\overline{X}_1$, $\overline{X}_2$ を知らなくても運動の解析ができるが,式 (1.6.27), (1.6.28) から求めると,$\Delta = k_1 k_2 + k_2 k_3 + k_3 k_1$ として,次のようになる.

$$\overline{X}_1 = \ell_1 - (\ell_1 + \ell_2 + \ell_3 - L)\frac{k_2 k_3}{\Delta} \tag{1.6.31}$$

$$\overline{X}_2 = L - \ell_3 + (\ell_1 + \ell_2 + \ell_3 - L)\frac{k_1 k_2}{\Delta} \tag{1.6.32}$$

なお,ばねの弾性力による位置エネルギー

$$U_X = \frac{1}{2}k_1(X_1 - \ell_1)^2 + \frac{1}{2}k_2(X_2 - X_1 - \ell_2)^2 + \frac{1}{2}k_3(L - X_2 - \ell_3)^2$$

は,つりあいの位置からの変位 x_1, x_2 を用いて次のように書き変えられる.

$$U_X = \frac{1}{2}k_1 {x_1}^2 + \frac{1}{2}k_2(x_2 - x_1)^2 + \frac{1}{2}k_3 {x_2}^2 + \frac{k_1 k_2 k_3}{2\Delta}(\ell_1 + \ell_2 + \ell_3 - L)^2$$

$x_1 = x_2 = 0$ を位置エネルギーの基準点にとれば,最後の項はゼロになる.

1.7 振り子時計の時間の進みによる地下鉱物の探索

■単振り子の周期　　　　　　　　　　　　　　　　　　　　★☆☆

振り子時計は振り子の振動回数で時間を計る．重力が変化すると振り子の周期が変わるので，振り子時計が進んだり遅れたりする．この変化を調べることで，地中の異常（まわりとの差異）を検知することができる．以下では，重力加速度の大きさを g とする．

問題 1.7.1

長さ ℓ の軽くて伸びない糸と，質量 m の小さなおもりからなる単振り子を考える．糸が鉛直下向きとなす角が ϕ のとき，おもりがもつ重力による位置エネルギー U は，おもりが最も低い位置にある点 O を含む水平面を基準としたとき，$U = \boxed{\quad\text{ア}\quad}$ である．

ここで，点 O からおもりの位置までの弧の長さを x とすると $x = \boxed{\quad\text{イ}\quad}$ である．ϕ が微小であるとき，$\cos\phi \fallingdotseq 1 - \dfrac{\phi^2}{2}$ と近似される．

(1) U を x を用いて表せ．

一般に，角振動数 ω の単振動を引き起こす力による位置エネルギーは，$\dfrac{1}{2}m\omega^2 x^2$ と表される．ここで x は

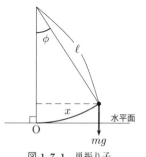

図 1.7.1　単振り子

つりあいの位置からの変位である．このことから単振り子の角振動数は，$\omega = \boxed{\quad\text{ウ}\quad}$ となる．

(2) 周期 τ_0 を求めよ．

▶**解**　　$U = mg(\ell - \ell\cos\phi) = \underline{mg\ell(1 - \cos\phi)}_{\text{ア}}$．角の定義により $x = \underline{\ell\phi}_{\text{イ}}$．

(1) $\phi = \dfrac{x}{\ell}$ より，$U = mg\ell(1 - \cos\phi) \fallingdotseq mg\ell \cdot \dfrac{\phi^2}{2} = \dfrac{1}{2}\dfrac{mgx^2}{\ell}$.

$\dfrac{1}{2}m\omega^2 x^2 = \dfrac{1}{2}\dfrac{mgx^2}{\ell}$ より $\omega = \underline{\sqrt{\dfrac{g}{\ell}}}_{\text{ウ}}$.

(2) $\tau_0 = \dfrac{2\pi}{\omega} = 2\pi\sqrt{\dfrac{\ell}{g}}$　　　　　　　　　　　　　　　□

■振り子時計の示す時間のズレ　　　　　　　　　　　　　★★☆

重力加速度の大きさが g のときに正しく時を刻むように調整された振り子時計をある地域に持ち込むと，早く進むという現象が起きた．詳しい調査の結果，時計の狂い（進み）は地点 Q で最大で，Q から遠ざかるにつれて小さくなることがわかった．以下で振り子時計が進む原因を考察してみよう．なお，1 日は $24 \times 60 \times 60\,\text{s} = 86400\,\text{s}$ である．

問題 1.7.2

時計の振り子は 1 日に $\dfrac{86400}{\tau_0}$ 回振動することを前提に調整されている. このことから, 時計が狂う原因は, 重力加速度の大きさが g から $g + \Delta g$ に増加したためと考えられる. このときの振り子時計の周期を τ とする.

(3) g が増加すると振り子時計が進む理由を説明せよ.

(4) 1 日当たりの時間の進み Δt を求めよ.

$\dfrac{\Delta g}{g}$ が微小量であるときには, ε が微小量のとき成り立つ近似式 $(1 + \varepsilon)^\alpha \fallingdotseq 1 + \alpha\varepsilon$ を用いると, Δt を次のように近似できる.

$$\Delta t \fallingdotseq 43200 \times \frac{\Delta g}{g} \text{ s} \tag{1.7.1}$$

▶ **解**

(3) g が増加すると周期が短くなる. そのため 1 日の振動回数が増えて時計が早く進む.

(4) 振り子が 1 回振動すると時計は τ_0 進むように調整されている. 周期が τ のとき, 1 日の実際の振動回数は $\dfrac{86400}{\tau}$ 回となるので, 時計はこの τ_0 倍進む. したがって,

$$\Delta t = \frac{86400}{\tau} \times \tau_0 - 86400 = 86400 \times \left(\frac{\tau_0}{\tau} - 1\right) = 86400 \times \left(\sqrt{\frac{g + \Delta g}{g}} - 1\right) \text{ s} \quad \square$$

なお, $\sqrt{\dfrac{g + \Delta g}{g}} = \left(1 + \dfrac{\Delta g}{g}\right)^{1/2} \fallingdotseq 1 + \dfrac{1}{2} \cdot \dfrac{\Delta g}{g}$ より $\Delta t \fallingdotseq 43200 \times \dfrac{\Delta g}{g}$ s が得られる.

■ 地下鉱物の探査 ★★☆

g が $g + \Delta g$ になったのは, 地下に鉱物が埋蔵されているからだと考えてみよう. その分布は複雑であるから, ここでは図 1.7.2 のように, 一群の鉱物を地点 Q の真下 h の地点 P にある質量 M の質点（質点 M と呼ぶ）に置き換え, その万有引力が地球の重力と合成されたためと考えよう. この力を見かけの重力と呼び, その大きさを F とする. 以下では h は地球の半径に比べて十分に小さく, 地球は平面で, 地球による万有引力は一定の重力 mg であると考えることにする.

問題 1.7.3

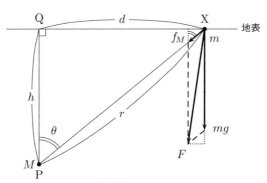

図 1.7.2　地下にある鉱物を点 P にある質量 M の質点と見なす

　地点 Q から距離 d の地点 X に質量 m の質点（質点 m と呼ぶ）を置く．この質点 m に，P にある質点 M からはたらく万有引力の大きさを f_M とし，$\angle \mathrm{XPQ} = \theta$ とする．

(5) mg, f_M, θ を用いて見かけの重力の大きさ F を求めよ．

　mg に比べて f_M は非常に小さいと考えられるので，式 (1.7.1) を求めるときに使った近似式をここでも使うことができる．万有引力定数を G，$\overline{\mathrm{XP}} = \sqrt{d^2 + h^2} = r$ とすれば，$f_M = G\dfrac{Mm}{r^2}$ である．

(6) $F \fallingdotseq mg\left(1 + \dfrac{GMh}{gr^3}\right)$ と近似できることを示せ．

(7) Δt を求めよ．

▶解

(5) 万有引力 f_M のベクトルと，重力 mg のベクトルの和が，見かけの重力 F のベクトルになる．平行四辺形の対角線の長さを求めることから $F = \sqrt{(mg + f_M \cos\theta)^2 + (f_M \sin\theta)^2}$ $= \sqrt{(mg)^2 + 2mgf_M \cos\theta + f_M{}^2}$ となる（余弦定理を用いる方法でもよい）．

(6) $F = mg\sqrt{1 + 2\cos\theta \dfrac{f_M}{mg} + \left(\dfrac{f_M}{mg}\right)^2}$ となるが，$\left(\dfrac{f_M}{mg}\right)^2$ は 2 次の微小量だから無視できる．$\cos\theta = \dfrac{h}{r}$ として近似式を用いると，

$$F \fallingdotseq mg\left(1 + \frac{2h}{r}\cdot G\frac{Mm}{r^2 mg}\right)^{1/2} \fallingdotseq mg\left(1 + \frac{1}{2}\cdot\frac{2h}{r}\frac{GM}{r^2 g}\right) = mg\left(1 + \frac{GMh}{gr^3}\right)$$

(7) 前問の結果より $\dfrac{\Delta g}{g} = \dfrac{GMh}{gr^3}$ となるので，式 (1.7.1) より

$$\Delta t(d) = 43200 \times \frac{GMh}{gr^3} = 43200 \times \frac{GMh}{g\,(d^2 + h^2)^{3/2}}\ \mathrm{s} \tag{1.7.2}$$

$\square$

問題 1.7.4

以下では，Δt が d によって変化することを明示するため $\Delta t(d)$ と書くことにする．

表 1.7.1 に，地点 Q からの距離 d と時計の進み $\Delta t(d)$ との関係を 5 km ごとに測定した結果と，$\Delta t(0)$ と $\Delta t(d)$ との比の値を示した．

(8) 以下の関係式を導け．

$$\frac{\Delta t(0)}{\Delta t(d)} = \left\{ \left(\frac{d}{h} \right)^2 + 1 \right\}^{3/2} \qquad (1.7.3)$$

(9) $\sqrt{2} \fallingdotseq 1.4$ である．h の値を求めよ．

(10) 以下の値を用いて M の値を求めよ．

$$g = 9.8 \, \text{m/s}^2$$
$$G = 6.7 \times 10^{-11} \, \text{N} \cdot \text{m}^2/\text{kg}^2$$

表 1.7.1 測定値

d〔km〕	$\Delta t(d)$〔s〕	$\dfrac{\Delta t(0)}{\Delta t(d)}$
0	108	1.0
10	99	1.1
20	77	1.4
30	55	2.0
40	38	2.8
50	26	4.2
60	18	6.0

(11) この鉱物を，密度 $\rho = 5.2 \times 10^3 \, \text{kg/m}^3$ の鉄鉱石だと仮定する，その分布は点 P を中心とする球であるとしてその半径 R を求めよ．ただし，この地点の周辺の地殻の平均密度が $\rho_0 = 2.7 \times 10^3 \, \text{kg/m}^3$ であるとする．

▶ **解**

(8) 式 (1.7.2) より $\dfrac{\Delta t(0)}{\Delta t(d)} = \dfrac{(d^2 + h^2)^{3/2}}{(0^2 + h^2)^{3/2}} = \left\{ \left(\dfrac{d}{h} \right)^2 + 1 \right\}^{3/2}$.

(9) 式 (1.7.3) より表 1.7.1 のどのデータからも h を計算できるが，3 乗根の計算が面倒．$h = d$ とすると $\dfrac{\Delta t(0)}{\Delta t(d)} = (1 + 1)^{3/2} = 2\sqrt{2} \fallingdotseq 2.8$ となるが，これは表 1.7.1 から $d = 40$ km のときの値であることがわかる．よって，$h = 40$ km.

(10) 式 (1.7.2) より $\Delta t(0) = 43200 \times \dfrac{GM}{gh^2}$ s となるので，

$$M = \frac{gh^2 \Delta t(0)}{43200 \times G} \fallingdotseq \frac{9.8 \times (40 \times 10^3)^2 \times 108}{43200 \times (6.7 \times 10^{-11})} \fallingdotseq 5.85 \times 10^{17} \quad \Rightarrow \quad 5.9 \times 10^{17} \, \text{kg}$$

(11) 鉄鉱石の塊を地中に置いたとき，その質量のうちの地殻の質量分は通常の重力に寄与するので，それを差し引いた残りが M になる．したがって，$(\rho - \rho_0) \dfrac{4\pi R^3}{3} = M$ より

$$R = \sqrt[3]{\frac{3M}{4\pi (\rho - \rho_0)}} = \sqrt[3]{\frac{3 \times 5.85 \times 10^{17}}{4 \times 3.14 \times (5.2 - 2.7) \times 10^3}} \fallingdotseq \sqrt[3]{55.9} \times 10^4$$

3 乗根の計算は電卓で簡単にできるが，以下のように近似計算で求めることもできる．$4^3 = 64$ が 55.9 に近いので，

$$\sqrt[3]{55.9} = \sqrt[3]{64 - 8.1} = \left\{ 64 \left(1 - \frac{8.1}{64} \right) \right\}^{1/3} \fallingdotseq 4 \times \left(1 - \frac{1}{3} \cdot \frac{8.1}{64} \right) \fallingdotseq 3.83$$

よって，$R \fallingdotseq 3.8 \times 10^4$ m $= 38$ km （$\sqrt[3]{55.9} \fallingdotseq 3.8235 \cdots$ である）． $\qquad\square$

▶ Coffee Break 3（『吾輩は猫である』に登場する物理）

　夏目漱石（1867–1916）のデビュー作『吾輩は猫である』は，主人公の名前のない猫が，飼い主の英語教師・珍野苦沙弥先生のまわりの人物を描いた作品である．教え子で物理学を専門とする水島寒月君の影響もあり，小説中には物理の話もよく登場する．例えば，隣の広場で騒がしい学生に対して苦沙弥先生が怒鳴り込むと，学生からボールが自宅に打ち込まれる反撃に遭うという場面では，ニュートンの運動法則が猫によって解説されている．

　　　今しも敵軍から打ち出した一弾は，照準誤たず，四つ目垣を通り越して桐の下葉を振い落して，第二の城壁即ち竹垣に命中した．随分大きな音である．**ニュートンの運動律第一**に曰くもし他の力を加うるにあらざれば，一度び動き出したる物体は均一の速度をもって直線に動くものとす．もしこの律のみによって物体の運動が支配せらるるならば主人の頭はこの時にイスキラスと運命を同じくしたであろう．幸にしてニュートンは第一則を定むると同時に第二則も製造してくれたので主人の頭は危うきうちに一命を取りとめた．**運動の第二則**に曰く運動の変化は，加えられたる力に比例す，しかしてその力の働く直線の方向において起るものとす．これは何の事だか少しくわかり兼ねるが，かのダムダム弾が竹垣を突き通して，障子を裂き破って主人の頭を破壊しなかったところをもって見ると，ニュートンの御蔭に相違ない．

　　　　　　　　　　（『我輩は猫である』（八），青空文庫より．太字は筆者による．）

　また，ちょっとグロテスクだが，10人の囚人を同時に絞首刑にするには，どのようにしたらよいのかを議論する「首縊りの力学」の解説もある．

　寒月君のモデルは，漱石の良き話し相手だった物理学者の寺田寅彦（1878–1935）といわれており，「首縊りの力学」も 1866 年にイギリスの物理学会誌（"Philosophical Magazine"）に掲載された学術論文が元ネタだ，ということがわかっている．

1.8 ケプラーの法則と人工衛星の運動

ロケットというと強力なエンジンをふかして，宇宙空間を自由に航行するイメージをもつ人もいるかもしれないが，実際には発射後間もなく燃料を使い果たし，「ロケット」に相当するブースターや燃料タンクは切り離されて地上へと戻ってくる．そして，打ち上げられた人工衛星や探査機は姿勢制御などをしながら，多くの時間を惰性のままに航行していく．この惰性運動を支配しているのがケプラーの法則である．

ケプラーはティコ・ブラーエから与えられた詳細なデータを用いて，惑星運動についての3法則 を発表した．

法則 1.5（ケプラーの惑星運動についての3法則 (1609, 1618)）

第1法則　**楕円軌道の法則**
　　　　　惑星は太陽を1つの焦点とする楕円軌道を描く．
第2法則　**面積速度一定の法則**
　　　　　太陽と惑星を結ぶ線分が単位時間に掃く面積（面積速度）は，惑星それぞれについて一定である．
第3法則　**調和の法則**
　　　　　惑星の公転周期 T の2乗と，惑星の描く楕円の長軸半径 R の3乗の比 T^2/R^3 は，惑星によらず一定である．

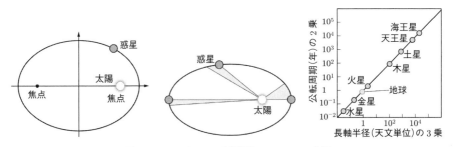

図 1.8.1　ケプラーの惑星運動についての3法則

ケプラーの業績は後のニュートンの運動法則の発見を導き，そして物理学全体や工学にも多大な影響を及ぼしている．ここでは人工衛星の運動を考察してみよう．まずは，等速円運動の基本的な問題で肩慣らしから．

問題 1.8.1

　地球を周回する質量 m の人工衛星の運動を考える．人工衛星は，点 O にある地球を中心とする半径 r の円軌道上を一定の速さ v で運動している（図 1.8.2 実線 I）．地球を質点と見なし，太陽や他の惑星などの影響は無視する．

(1) 人工衛星の公転周期と角速度を求めよ．

(2) 人工衛星にはたらいている力の大きさと向きを答えよ．

(3) 人工衛星は加速度をもつにもかかわらず等速で運動をしている．これはなぜか，説明せよ．

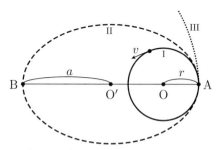

図 1.8.2　円軌道 I と，O′ を中心とする楕円軌道 II，遠方へ去る軌道 III

▶解

(1) 半径 r の円軌道上を速さ v で運動しているので，一周するのにかかる時間（公転周期）は $\dfrac{2\pi r}{v}$ となる．また，角速度は定義より $\dfrac{v}{r}$ である．

(2) ニュートンの運動方程式 $m\vec{a} = \vec{F}$ より，力の大きさは $F = ma = m\dfrac{v^2}{r}$ となる．また，この力は地球が人工衛星に及ぼしている万有引力なので，力の作用線はこれらを結ぶ直線上にあり，向きは点 O（地球）に向かう向きとなる．

(3) 加速度は速度などと同じようにベクトルなので向きをもつことに注意する．そこで，加速度を速度の方向（進行方向）の成分とそれに垂直な成分に分けてみる．進行方向成分は物体がどれだけ速く（遅く）なっていくかの割合を表していて，日常生活でいうところの「加速（減速）」を表していることは容易にわかるだろう．

　一方，垂直な成分は物体の進む向きがどれくらい変化するか，つまり「曲がり具合」を表してる．この問題の場合，人工衛星が受ける力は進行方向に対して常に垂直で，ニュートンの運動方程式から加速度の向きも同様に進行方向に垂直であることがわかる．したがって，解答は，加速度が進行方向に対して常に垂直で，速さを変化させる成分をもたないため，となる．　　　　　　　　　　　　　　　　　□

物体の軌道に沿う方向を接線方向という. 加速度の接線方向の成分は上に説明したように, 速さ $v(t)$ の変化率を表していて, 接線加速度 a_t という. 接線加速度は $\dfrac{dv(t)}{dt}$ となる. 一方, 残りは軌道に垂直な成分を表し, 法線加速度 a_n と呼ばれる. 法線加速度は速度の向きが変化する割合を表していて, 軌道の曲率半径を R とすると, $\dfrac{v(t)^2}{R}$ となる. 曲率半径が小さいと, "キュキュッ" と曲がって, 向きが急激に変化するのは容易に理解できる. 半径 r の等速円運動の場合は $a_t = 0$, $a_n = v^2/r$ である. このように加速度を座標成分で表すよりも, 接線加速度と法線加速度に分解するほうが理解しやすいこともある. いずれにしても加速度がベクトルであることを常に意識しておくのは大事である.

次は地球の質量に関する問題である. 地球の質量を測るため, 体重計の上に地球を載せたことはないだろうか. 実際にやってみると, 地面の上に体重計をただ逆さまに置いていることにすぐに気づくだろう (そして, デジタル表示には体重計の重さが出ているだけだ) [注1]. ここではケプラーの法則といくつかのデータを用いて地球の質量を求めてみる.

問題 1.8.2

地球の中心から距離 r にある質量 m の物体には, 大きさ $F = G\dfrac{Mm}{r^2}$ の万有引力がはたらく. ここで, G は万有引力定数, M は地球の質量である. また, 人工衛星が地球の万有引力を受けて運動するとき, ケプラーの惑星運動についての3法則で, 太陽を地球に, 惑星を人工衛星に置き換えたものが成り立つ.

(4) 第3法則 (調和の法則) を $\dfrac{T^2}{a^3} = K$ と書くとき, K を G, M を用いて求めよ.

(5) 地球の自転周期と同じ周期で赤道上空を自転と同じ向きに周回する人工衛星を静止衛星という. 表 1.8.1 を参考にして地球の質量を求めると, $M = 5.9 \times 10^n$ kg となる. 指数 n を数値で求めよ.

表 1.8.1　地球と静止衛星に関するデータ

静止衛星の軌道半径	4.2×10^7	m
万有引力定数 G	6.7×10^{-11}	N·m²/kg²
$\dfrac{4\pi^2}{G}$	5.9×10^{11}	kg²/(N·m²)
1 日	8.6×10^4	s

▶ **解**

(4) 円運動の場合, 半径 r が長半径 a になることに注意して運動方程式を書き下すと,

$$m\frac{v^2}{r} = G\frac{Mm}{r^2} \tag{1.8.1}$$

となる. これと (1) の公転周期 $T = \dfrac{2\pi r}{v}$ から v を消去すると,

[注1]　別の見方をすると, 体重計という「天体」の上にある地球という「物体」の重量を測定している, ともいえる. このときの重量は体重計天体による重量であり, 測定の結果, それが 1 kg·f 程度であることがわかる.

$$T^2 = \frac{4\pi^2}{GM} r^3 \tag{1.8.2}$$

が得られる.

(5) 式 (1.8.2) を地球の質量について解くと $M = \frac{4\pi^2}{G} \frac{r^3}{T^2}$ となる. 静止衛星の公転周期が 1 日であることに気がつけば,表の各値を代入することにより,$M = 5.9 \times 10^{\underline{24}}$ kg となる. □

最後の計算はそれほど大変ではないので頑張って実行してもいいけれども,もう少し楽な方法がある.この問題の場合は有効数字 2 桁まできちんとした値を求めるのではなく,kg で表すと何桁になるか(指数部分)だけが要求されていて,つまり,大まかな値をつかめばよい,ということである.そこで,$M = \frac{4\pi^2}{G} \frac{r^2}{T^2} = (6 \times 10^{11})(4 \times 10^7)^3/(9 \times 10^4)^2$ としてしまう.そして,係数部分の $6 \times 4^3/9^2$ が M の係数部分 5.9 とだいたい似た値になることを暗算で確認しておいて(1 桁の値であれば OK),あとは桁の部分(指数)の簡単な計算($11 + 7 \times 3 - 4 \times 2 = 24$)をするだけである.

こうした概算をオーダー評価といい,まずはじめに大雑把な値を見積もるために行う.精密な値を求めるのと同じくらい重要な評価方法で,研究者として一人前になるには無意識にオーダー評価ができるようにならないといけない.

さて,人工衛星や探査機は目的の軌道に入る前に地球付近を周回することが多い.この軌道を待機軌道という.問題では軌道 I が待機軌道に相当し,そこからエンジンをふかして力学的エネルギーを増やすことによって他の軌道 II や III へと移る.

問題 1.8.3

図 1.8.2 の点 A で人工衛星を瞬間的に速さ v_{A} に加速すると,軌道は図 1.8.2 の破線 II で表される長半径 a の楕円になった.人工衛星が地球から最も遠ざかった点を B,そこでの速さを v_{B} とする.このとき,第 2 法則(面積速度一定の法則)より,図 1.8.3 の面積 S_{A} と面積 S_{B} が等しくなる.

(6) 楕円運動の周期は円運動の周期の何倍になるか,a と r を用いて答えよ.

(7) $\dfrac{v_{\mathrm{B}}}{v_{\mathrm{A}}}$ を求めよ.

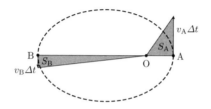

図 1.8.3 面積 S_{A} と S_{B} が等しくなる.Δt は微小時間

与える速さが大きいとき，人工衛星は楕円軌道をとらず宇宙の遠方へ飛び去る（図 1.8.2 点線 III）．

(8) 力学的エネルギー保存則を用いて，遠方へ飛び去る場合の v_A の条件を求めよ．

▶ 解

(6) 円軌道 I の長半径（この場合は単に円の半径である）は r，楕円軌道 II の長半径は a である．したがって，第 3 法則より $\dfrac{T_{楕円軌道}}{T_{円軌道}} = \sqrt{\dfrac{Ka^3}{Kr^3}} = \sqrt{\left(\dfrac{a}{r}\right)^3}$ となる．

(7) 人工衛星と地球を結ぶ線分が短い時間（微小時間という）Δt に描く図形（細い扇形のような形）は三角形に近似でき，点 A と点 B に人工衛星があるとき図形は図 1.8.3 の灰色の直角三角形のようになる（実際には近似ではなくこれらの三角形の面積が等しくなる）．そこで，OA と OB の長さに注意してそれぞれの面積を計算し，等しいとおくと $\dfrac{1}{2}rv_A\Delta t = \dfrac{1}{2}(2a-r)v_B\Delta t$ となるので，$\dfrac{v_B}{v_A} = \dfrac{r}{2a-r}$ が得られる．

(8)「力学的エネルギー保存則を用いて」とヒントがあるので，その通りに計算していく．点 A にある人工衛星の運動エネルギーと位置エネルギーはそれぞれ $\dfrac{1}{2}mv_A^2$，$-G\dfrac{Mm}{r}$ である．ここで無限遠点を位置エネルギーの基準点とした．一方，最も少ないエネルギーで人工「衛星」が無限遠方に到達するには（遠方に飛び去っては人工衛星ではないので「衛星」としてみた），そこで速度が 0 になっているので運動エネルギーは 0，基準点なので位置エネルギーも 0 である．保存則より両者の和が等しいとおくと，$\dfrac{1}{2}mv_A^2 - G\dfrac{Mm}{r} = 0$ となる．これを v_A について解いて，条件として書けば，$v_A \geqq \sqrt{\dfrac{2GM}{r}}$ となる．ちなみに等号が成立する場合は軌道は放物線に，それ以外は双曲線になる ▶ コラム 2 ．　　　　　　□

軌道 III のように万有引力を振り払って地球から脱出できたとしても，実際にはそのままずっと遠方まで飛んでいけるわけではない．太陽があるからだ．問題では太陽の影響を無視しているが，太陽が及ぼす引力は地球のよりもずっと強く，そう簡単には太陽から脱出することはできない．そこで，実際の探査機は第 2 巻 5.2 節で登場するスイング・バイというメカニズムを利用して遠くの惑星まで旅をすることになる．

それでは最後の問題である．ケプラーの法則は惑星の運動を調べたり，人工衛星の軌道計算をする場合に応用できるが，実際にそのようなことをするのは NASA や JAXA に勤めている研究者であって，普通の人は行わないだろう（研究者が「普通の人」ではないとはいっていない）．しかし，次の問題のように身近な運動であってもケプラーの第 2 法則を利用することができる．

問題 1.8.4

　図 1.8.4 のようになめらかで水平な面上に，ばね定数 k の軽いばねがある．ばねの一端は点 O に固定され，ばねはそのまわりに自由に回転できる．他端には質量 m の小物体がつながれている．ばねの長さは自然長 ℓ_0 で，小物体は静止している．

　水平面内でばねと垂直方向に小物体に速さ v_0 を与えると，小物体は点 O を回り始めた．このとき，ばねの長さ ℓ は次第に大きくなり，最大値 ℓ_{m} となった後，再び ℓ_0 となる運動を繰り返した．最大値 ℓ_{m} のときの小物体の速さを v_{m} とする．

(9) $\ell = \ell_0$ と $\ell = \ell_{\mathrm{m}}$ のときとで成立する力学的エネルギー保存則を式で表せ．

(10) このように小物体に作用する力が常にある一点を向いている場合，人工衛星の運動と同様に小物体の軌道に関してケプラーの第2法則（面積速度一定の法則）が成り立つ．これより $\ell_0 v_0 = \ell_{\mathrm{m}} v_{\mathrm{m}}$ がいえる．$\ell_{\mathrm{m}} = 2\ell_0$ の場合，ばね定数 k を m, v_0, ℓ_0 を用いて表せ．

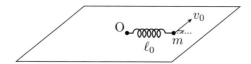

図 1.8.4　万有引力の代わりにばねの力で面積速度一定の法則を考える

▶ 解

(9)　この問題では万有引力の位置エネルギーの代わりに，ばねの弾性力による位置エネルギー（弾性エネルギー）を用いて力学的エネルギー保存則を式にする．ばねが自然長 ℓ_0 のときをばねの弾性力による位置エネルギーの基準として，次の式が得られる．

$$\frac{1}{2}mv_0^2 = \frac{1}{2}mv_{\mathrm{m}}^2 + \frac{1}{2}k(\ell_{\mathrm{m}} - \ell_0)^2 \tag{1.8.3}$$

(10) 条件 $\ell_{\mathrm{m}} = 2\ell_0$ と $v_{\mathrm{m}} = (\ell_0/\ell_{\mathrm{m}})v_0 = v_0/2$ を式 (1.8.3) に代入して，k について解くと，$k = \dfrac{3mv_0^2}{4\ell_0^2}$ となる． □

　この問題のように物体に作用する力の作用線が常にある一点を通るとき，その力を中心力と呼ぶ（力の向きは内向きでも外向きでも構わない）．つまり，惑星の運動に限らず，中心力のみがはたらく場合は面積速度一定の法則が成り立つ．これを大学では，1.0 節にある角運動量保存則（法則 1.4）を用いて表現する．このとき，物体の運動は1つの面内に限られることが示せるので，惑星がなぜ1つの面内を公転しているのかも理解できる．

コラム 2（★★☆楕円・放物線・双曲線）

　1.8 節では，万有引力がはたらくときの人工衛星の軌跡を題材にした．地球を周回する人工衛星や，太陽を公転運動する惑星のように，ある一点から作用する「中心力」が「距離の 2 乗に反比例する」場合，その軌道は，円，楕円，放物線あるいは双曲線のいずれかになる．これらは，まとめて 2 次曲線とも呼ばれる．これらが関連づけられるのは，いずれも円錐の断面として登場することからも察せられるだろう．

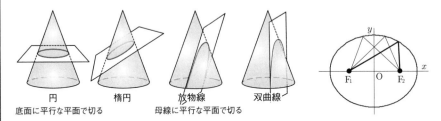

円
底面に平行な平面で切る

楕円

放物線
母線に平行な平面で切る

双曲線

図 1.8.5　円錐の断面は，円，楕円，放物線，双曲線のいずれかになる．　　図 1.8.6　楕円

　x–y 平面上で，長軸が x 軸に，短軸が y 軸に一致する楕円の方程式は，$a, b\,(a \geqq b > 0)$ をそれぞれ半長軸，半短軸の長さとして，

$$\frac{x^2}{a^2} + \frac{y^2}{b^2} = 1 \tag{1.8.4}$$

となる．楕円は，2 つの焦点 F_1, F_2 からの距離の和が一定値（$2a$）となる点の集合（軌跡）である．焦点の座標は $(\pm\sqrt{a^2 - b^2}, 0)$ で，焦点が 1 つに一致した場合（$a = b$）が円である．楕円のゆがみ具合を**離心率**という．定義は，

$$\varepsilon \equiv \sqrt{1 - \frac{b^2}{a^2}} \tag{1.8.5}$$

であり，円は $\varepsilon = 0$ の楕円である．

　太陽系の惑星は太陽の万有引力によって楕円運動しているが，軌道は太陽を焦点とする楕円である．地球軌道の離心率は 0.02，火星は 0.09 である．

　楕円の面積は $\pi a b$ である．これは，まじめに積分して導出することもできるが，半径 a の円を一方向に b/a 倍に縮小したものが楕円であると考えれば，円の面積 πa^2 を b/a 倍したもの，として理解される．

スペースコロニーとラグランジュポイント

　スペースコロニーという建造物を聞いたことがあるだろうか．宇宙空間に設置された巨大な居住空間で，地上と変わらずに生活を送ることができる未来の方舟である．スペースコロニーは 1969 年にプリンストン大学のジェラルド・オニール博士が考案し，方舟と書いたが，最初に提案されたものはシリンダー（円筒）形だった．SF にもしばしば登場し，大抵は小惑星の衝突や核戦争のために地球から脱出せざるを得なくなり，しかたなくスペースコロニーに移住する，といったネガティブな理由で利用されることが多いが，「ちょっと避暑に行ってくる」くらいの旅行気分で楽しめる明るい未来を期待したい．

　夢のような未来の居住空間スペースコロニーについても高校物理でいろいろと調べられることがある．それでは，問題にとりかかってみよう．

問題 1.9.1

　宇宙空間で生活するための施設にスペースコロニーがある（以下，コロニーと呼ぶ）．コロニーは内部が空洞になった半径 R の円筒形で，無重力空間に浮かんでいる．また，円筒軸のまわりに回転して見かけの力（慣性力）を作り出し，内壁上でその大きさが地球表面での重力と等しくなるように調整されている．コロニー内壁の回転の速さを V，地球上での重力加速度の大きさを g とする．図 1.9.1 はコロニーの断面で，点 O は回転軸を表す．また，コロニーの内壁には観測者 A，外側には静止した観測者 B がいる．

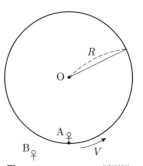

図 1.9.1　コロニーの断面図

(1) 観測者 B から見ると観測者 A には力がはたらいている．この力の向きを答えよ．

(2) 回転の速さ V を g, R を用いて表せ．

▶ **解**

(1) 観測者 A はコロニーの内壁から垂直抗力を受けていて，それは点 O の向きである．これは当たり前のようだが，観測者による違いをきちんと理解していない人も多い．観測者 B から観測者 A を見ると解答のように内壁から点 O の向きに一定の大きさの力を受け，それによって円運動をしている．一方，観測者 A から見ると（つまり，回転している座標系では）観測者 A は内壁からの力だけでなく，慣性力である遠心力も受けている．遠心力は外向きの力で，内壁からの力と打ち消し合い，したがって観測者 A の座標系では A は静止しているのである．

(2) 観測者 B から見ると観測者 A は半径 R，速さ V で等速円運動しているので，その加

速度の大きさは $\dfrac{V^2}{R}$ である．これが重力加速度と同じ大きさになるので，$\dfrac{V^2}{R} = g$ となり，これを V について解くと $V = \sqrt{Rg}$ と表せる． □

問題 1.9.2

観測者 A の足元の内壁に発射装置を取り付け，図 1.9.2 の点 P に来たときに質量 m の小球を打ち上げる（点 P は空間に固定された点で，コロニーと一緒に動く点ではない）．小球は図 1.9.2 の断面内で運動するとする．以下ではコロニーの回転の速さ V を用いて答えてよい．

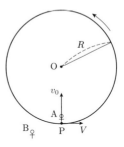

図 1.9.2　点 P から小球を打ち出す．

(3) 点 P から回転軸 O に向けて速さ v_0 で小球を打ち出した．観測者 B から見た小球の速さを求めよ．

(4) 小球が打ち出されてから再び内壁に着くまでの時間を求めよ．

(5) 小球を打ち出した速さ v_0 とコロニーの回転の速さ V が等しいとき，小球は内壁のどこに落ちるか．次から選んで答えよ．

　(a) 回転方向に対して観測者 A の先に落ちる．

　(b) ちょうど観測者 A のところに落ちる．

　(c) 回転方向に対して観測者 A の後ろに落ちる．

(6) 次に，観測者 A はコロニーの回転と逆向きに速さ V で小球を打ち出した．観測者 A からみた小球の軌跡を描け．

▶ **解**

(3) 発射装置は観測者 B に対して速さ V で運動しているので，図 1.9.2 で大きさ V の右向きの速度と，大きさ v_0 の上向きの速度を合成すれば，$\sqrt{v_0{}^2 + V^2}$ が得られる．

(4) 観測者 B から見ると，小球は (3) の速さで図 1.9.2 の右上に飛んでいく．小球が内壁に着いたところを点 Q とすると，三角形 OPQ は二等辺三角形になり，底辺 PQ が小球が飛んだ軌跡である．この二等辺三角形を 2 つに折ると直角三角形になるが，これは図 1.9.2 で点 P から出る 2 つの速度（ベクトル）が作る直角三角形と相似になっている．PQ の距離を x として対応する辺の比をとると，$R : x/2 = \sqrt{v_0{}^2 + V^2} : v_0$ となり，$x = \dfrac{2Rv_0}{\sqrt{v_0{}^2 + V^2}}$ が得られる．小球の速さは (3) より $\sqrt{v_0{}^2 + V^2}$ なので，かかる時間は $\dfrac{x}{\sqrt{v_0{}^2 + V^2}} = \dfrac{2Rv_0}{v_0{}^2 + V^2}$ と求まる．

(5) これは計算で求めようとするとややこしくなってしまう．実際に混乱してしまった人も多いのではないだろうか．ポイントは問題がなにかの量を求める（定量的）のではなく，先になるか後になるか，運動の性質（定性的）を問うている．定性的な問題の場合には直感的な洞察力を遺憾なく発揮して解くのがいい．

　さて，落ち着いて考えてみよう．観測者 B から見ると，観測者 A は点 Q まで進むのに円弧上を移動していく．一方，小球は点 Q まで直線上を飛んでいく．また，観測者 A の速さが V であるのに対して，小球の速さは $\sqrt{v_0{}^2 + V^2}$ で観測者 A よりも速い．つまり，小球は観測者 A よりも短い道のりを速く移動するので，観測者 A よりも先の地点に落ちる．答えは(a)である．

(6) 観測者 B から見ると，観測者 A は左回りに速さ V で移動し，その状態で逆向きに小球を速さ V で発射するので，小球は止まったままになる．このとき，すぐにわかるように，観測者 A にとっては小球は内壁に沿って右回りに飛んでいくように見える．したがって，小球の軌道は図 1.9.3 のようになる．　　　　　　　　　　　　　　□

　(4) では観測者 B にとっては打ち出された小球が右斜め上にまっすぐ飛んでいくのは当たり前に思えるが，観測者 A にとっては回転軸 O に向けて発射したはずの小球が勝手に右方向に曲がって内壁にぶつかり，不思議な光景に思える．これは回転している座標系で動く物体に生じるコリオリの力が原因である．

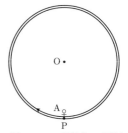

図 1.9.3　観測者 A が見た小球の軌跡

　実は (6) でもコリオリの力が効いている．少し調べてみよう．観測者 A の座標系は回転しているので小物体に外向きの遠心力がかかる．コロニーの角速度を $\omega\,(=V/R)$ とすると，遠心力の大きさは $mR\omega^2$ である．これだけだと小物体は内壁にぶつかってしまう．そこで，コリオリの力も考えてみる．まず，観測者 A の座標系の回転と同じ向きに右ねじを回したときに，その右ねじが進む向きで，大きさが ω のベクトルを角速度ベクトル（または単に角速度）$\vec{\omega}$ と定義する．そうすると，速度 $\vec{V}$ で運動する物体にはたらくコリオリの力は $-2m\vec{\omega} \times \vec{V}$ で表せる（× は外積である ▶付録 A.1）．同様に角速度ベクトルを用いると遠心力は $-m\vec{\omega} \times (\vec{\omega} \times \vec{r})$ となる（$\vec{r}$ は回転の中心から物体へ引いたベクトルである）．この問題では，$\vec{\omega}$ の向きは紙面から飛び出してくる向き，$\vec{V}$ の向きは内壁に沿って右回りの向きなので，コリオリの力は常に点 O を向くことになり，遠心力と逆向きになっている．また $\vec{\omega}$ と $\vec{V}$ は直交しているので，コリオリの力の大きさは $2mV\omega = 2mR\omega^2$ となる．最後にコリオリの力と遠心力を合成すると，小物体には常に点 O を向く大きさ $mR\omega^2$ の力がはたらいていることがわかる．したがって，観測者 A からは円運動となるのである．

問題 1.9.3

　コロニー設置場所は，地球，月，コロニーの相対的な位置関係が変わらない点であると便利である．そのような点の候補として，図 1.9.4 のように地球と月を結ぶ線分上に常に位置する点を考える．地球，月，コロニーを質点と見なし，地球から月およびコロニーまでの距離をそれぞれ ℓ, a，コロニー，地球，月の質量をそれぞれ M, M_e, M_m とする．また，地球は静止し，月とコロニーはそのまわりを同じ角速度で等速円

運動しているとする．コロニーは地球と月の位置に影響を与えず，太陽や他の惑星などの影響は無視する．

(7) 月の角速度を ω，万有引力定数を G とすると，月の運動方程式は次のようになる．

$$M_\mathrm{m}\ell\omega^2 = G\frac{M_\mathrm{e}M_\mathrm{m}}{\ell^2} \tag{1.9.1}$$

コロニーの運動方程式を書け．

(8) これらの運動方程式から ω を消去すると，次の式が得られる．

$$\frac{M_\mathrm{m}}{M_\mathrm{e}} = \left(\frac{a}{\ell}\right)^{-2}\left\{1 - \left(\frac{a}{\ell}\right)\right\}^2\left\{1 - \left(\frac{a}{\ell}\right)^3\right\} \tag{1.9.2}$$

a を有効数字 2 桁で求めよ．ただし，$\dfrac{M_\mathrm{m}}{M_\mathrm{e}} = 1.2 \times 10^{-2}$，$\ell = 3.8 \times 10^8\,\mathrm{m}$ とし，図 1.9.5 のグラフを利用せよ．

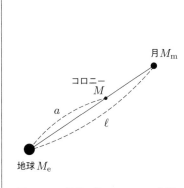

図 1.9.4　地球，月，コロニーの位置関係

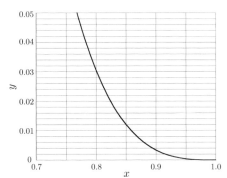

図 1.9.5　$y(x) = \dfrac{(1-x)^2(1-x^3)}{x^2}$ のグラフ

▶ 解

(7) ヒントとして月の運動方程式が提示されているので，同じように式を立てればよい．コロニーも月と同じ角速度 ω をもち，地球と月の両方から万有引力がはたらくことに注意すると，運動方程式は $Ma\omega^2 = G\dfrac{M_\mathrm{e}M}{a^2} - G\dfrac{M_\mathrm{m}M}{(\ell-a)^2}$ となる．回転する座標系では，同じ式を，地球からの万有引力と月からの万有引力，そして遠心力がつりあった式と読むことができる．

(8) 図 1.9.5 のグラフで $x = a/\ell$，$y = \dfrac{M_\mathrm{m}}{M_\mathrm{e}} = 1.2 \times 10^{-2}$ とすると，$x = 0.85$ がわかる．したがって，$a = x\ell = 0.85 \times (3.8 \times 10^8) = \underline{3.2 \times 10^8\,\mathrm{m}}$ となる．　　　□

■ ラグランジュポイント　　　　　　　　　　　　　　　　　　　　　★★★

　コロニーを (8) の位置に設置すれば，回転しながらも地球，月，コロニーは常に同じ位置
関係を維持していける．コロニーのように他の 2 物体に比べて質量が極めて小さい物体の
場合に，それら 3 体の位置関係が変化しなくなる小物体の位置をラグランジュポイントと
いい，全部で 5 カ所あることが知られている．問題にあるコロニーの位置はその中の 1 つ
で L_1 と呼ばれる．他の点 L_2〜L_5 とともに図 1.9.6 に示した．L_2 と L_3 の位置は同じ方
法で計算できるだろう．L_4 と L_5 も回転する座標系で考えれば高校生の物理の範囲で求め
ることができる．計算すると M_1, M_2, L_4(L_5) で正三角形を作ることがわかる．トライし
ていただきたい ▶コラム3．L_1〜L_3 に置かれた物体はそこから少しずれると，さらに遠
くへとはずれてしまう不安定な平衡点だが，L_4 と L_5 は M_1 と M_2 の質量比がある条件を
みたせば安定な平衡点になる．

　地球と月だけでなく，太陽と地球，太陽と火星，土星とその衛星などにおいて，ラグラ
ンジュポイントはいくつもの人工衛星や人工惑星を航行させるのに利用されている．ちな
みに，『機動戦士ガンダム』のスペースコロニーもこれらのラグランジュポイントに設置さ
れている．

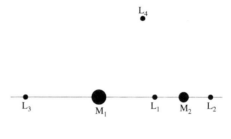

図 1.9.6　M_1, M_2 のまわりのラグランジュポイント L_1〜L_5（概略図）．
　　　　　すべて回転面内にある．

コラム 3（★★★互いに万有引力を及ぼし合う 3 質点の運動）

　質量 m_1, m_2 の星（それぞれ星 1，星 2 と呼ぶ）に，質量 m_3 の星（以下，星 3 と呼ぶ）を加え，一直線上にはない 3 個の星が万有引力により重心のまわりを等速円運動しているとしよう．星 3 の位置を表すベクトルを $\vec{x}_3$，速度を $\vec{v}_3$ とする．

　星 1 から星 3 にはたらく万有引力を $\vec{F}_1$ とすると，

$$\vec{F}_1 = G \frac{m_1 m_3}{r_1{}^2} \cdot \frac{\vec{x}_1 - \vec{x}_3}{r_1} \quad \text{ただし} \quad r_1 = |\vec{x}_1 - \vec{x}_3|$$

ここで，$\dfrac{\vec{x}_1 - \vec{x}_3}{r_1}$ は，星 3 から星 1 へ向かう長さ 1 のベクトルである．同様に，星 2 から星 3 にはたらく万有引力 $\vec{F}_2$ は，

$$\vec{F}_2 = G \frac{m_2 m_3}{r_2{}^2} \cdot \frac{\vec{x}_2 - \vec{x}_3}{r_2} \quad \text{ただし} \quad r_2 = |\vec{x}_2 - \vec{x}_3|$$

　このことから，星 3 にはたらく力は

$$\vec{F}_1 + \vec{F}_2 = G m_3 \left\{ \frac{m_1}{r_1{}^3} (\vec{x}_1 - \vec{x}_3) + \frac{m_2}{r_2{}^3} (\vec{x}_2 - \vec{x}_3) \right\} \tag{1.9.3}$$

となる．また，重心の位置ベクトル $\vec{R}_{\rm G}$ は，

$$\vec{R}_{\rm G} = \frac{m_1 \vec{x}_1 + m_2 \vec{x}_2 + m_3 \vec{x}_3}{m_1 + m_2 + m_3}$$

である．星 3 にはたらく力が重心を向くためには，$\vec{F}_1 + \vec{F}_2$ が $\vec{R}_{\rm G} - \vec{x}_3$ と平行になればよい．

$$\vec{R}_{\rm G} - \vec{x}_3 = \frac{1}{m_1 + m_2 + m_3} \cdot \{ m_1 (\vec{x}_1 - \vec{x}_3) + m_2 (\vec{x}_2 - \vec{x}_3) \} \tag{1.9.4}$$

となるので，式 (1.9.3) と式 (1.9.4) が平行になる条件は，$r_1 = r_2$ である．

　この結果から，3 個の星が正三角形の頂点に配置されていれば，各星にはたらく力は常に重心を向くことがわかる．各星の間の距離を r とすれば，2 つのベクトル $\vec{x}_1 - \vec{x}_3$ と $\vec{x}_2 - \vec{x}_3$ は大きさ r で $60°$ の角度をなすので，自分自身との内積で大きさの 2 乗を計算すると，

$$\left| \vec{F}_1 + \vec{F}_2 \right|^2 = \left(\frac{G m_3}{r^3} \right)^2 \times r^2 (m_1{}^2 + m_1 m_2 + m_2{}^2)$$

$$\left| \vec{R}_{\rm G} - \vec{x}_3 \right|^2 = \frac{1}{(m_1 + m_2 + m_3)^2} \times r^2 (m_1{}^2 + m_1 m_2 + m_2{}^2)$$

となる．星 3 の円運動の角速度を ω とする．円運動の運動方程式から

$$m_3 \left| \vec{R}_{\rm G} - \vec{x}_3 \right| \omega^2 = \left| \vec{F}_1 + \vec{F}_2 \right| \quad \rightarrow \quad \omega = \sqrt{G \frac{m_1 + m_2 + m_3}{r^3}}$$

が得られる．このとき運動エネルギーの総和は，次のように表される．

$$\frac{1}{2} m_1 \left(\left| \vec{R}_{\rm G} - \vec{x}_1 \right| \omega \right)^2 + \frac{1}{2} m_2 \left(\left| \vec{R}_{\rm G} - \vec{x}_2 \right| \omega \right)^2 + \frac{1}{2} m_3 \left(\left| \vec{R}_{\rm G} - \vec{x}_3 \right| \omega \right)^2$$

$$= \frac{G}{2r} (m_1 m_2 + m_2 m_3 + m_3 m_1)$$

1.10　棒の重心を探す

■静止摩擦力と動摩擦力

　摩擦力は 2 つの面が接触するときに生じ，互いに動こうとするのを妨げる抵抗力である．摩擦力は，ミクロレベルでは面を構成する分子や原子間の相互作用ということになるが，マクロレベルでは表面にある細かな突起の引っかかりなどに起因する力である．微小な突起は崩れたり新たに形成されたりするし，不純物が入り込んで摩擦力に影響を与えることもある．そのため，第一原理に遡って摩擦力を考察することは不可能である．経験に基づく知見をもとに，接触する 2 つの面の間にすべりがない**静止摩擦力**とすべりがある**動摩擦力**に分けて考える．静止摩擦力は他の力とのつりあいで決まる．ただし大きさに限度があり，**最大摩擦力**を超えられない．一方，動摩擦力は多くの場合接触する面積や相対的な速さにはよらず，面から垂直に押し返される**垂直抗力**に比例する．これをアモントン・クーロンの法則という．接触する面積によらないということは，大きさのある物体をどのような向きに置いても摩擦力の大きさは変わらないということである．

　本節では，2 点で支えられた棒の重心をどのようにして探し出すかについて考察する．

■2 点で支えられた棒の運動：棒が静止しているとき　　　　　　★☆☆

問題 1.10.1

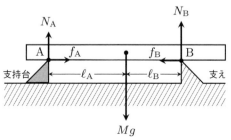

図 1.10.1　棒を 2 点 A, B で水平に支える．棒と支持台は静止している．

　図 1.10.1 のように，質量 M の一様な細い棒が，2 点 A, B で支えられ静止している．右側の「支え」は床と一体であるが，左側の「支持台」はなめらかな床の上を棒を水平に保ったまま左右に動かすことができる．

　支持台に右向きの外力 F を加える．F が小さいときには支持台は動かない．F を大きくしていくと F_0 を超えたときに支持台が動き出す．このときを時刻 $t = 0$ とする．はじめ棒は止まったままで，支持台だけが右向きに動いていく．F を調節して，支持台を常に一定の速さ v で右向きに動かす．時刻が T になると，棒が右向きに動き

出した.

2点 A, B から棒にはたらく垂直抗力をそれぞれ N_A, N_B, 摩擦力をそれぞれ f_A, f_B とする. 棒の重心と 2 点 A, B との間の水平距離は $t = 0$ のときに ℓ_A, ℓ_B で, $\ell_A > \ell_B$ である. また, 棒と支持台, 支えとの間の静止摩擦係数はともに μ, 動摩擦係数はともに μ' とし, 重力加速度の大きさを g とする. 棒にはたらく力のつりあいから以下の関係式が成り立つ.

$$N_A + N_B = Mg, \quad f_A = f_B$$

(1) F を大きくしていったとき, 棒が動かずに支持台が動き出す理由を説明し, F_0 を求めよ.

(2) $0 < t < T$ のときの $N_A(t)$, $N_B(t)$ を求めよ.

(3) 棒が動き出す時刻 T を求めよ.

(4) 棒が動き出したときの $N_A(T)$, $N_B(T)$ を求めよ.

▶ 解

(1) 図 1.10.1 の状態で, 2 点 A, B のまわりで力のモーメントがつりあうことから

$$Mg\ell_A = N_B(\ell_A + \ell_B) \quad \Rightarrow \quad N_B = \frac{\ell_A}{\ell_A + \ell_B} Mg \tag{1.10.1}$$

$$Mg\ell_B = N_A(\ell_A + \ell_B) \quad \Rightarrow \quad N_A = \frac{\ell_B}{\ell_A + \ell_B} Mg \tag{1.10.2}$$

となる. 支持台には f_A の反作用と外力 F がはたらきつりあっているので, $f_A = f_B = F$ が成り立つ. 一方, 支持台が止まっている間は A, B ではたらく摩擦力はともに静止摩擦力だから, それぞれの点で最大摩擦力を超えられず,

$$F = f_A \leqq \mu N_A, \quad F = f_B \leqq \mu N_B$$

の両方の不等式が成り立たなければならない. F を大きくしていくと, $\ell_A > \ell_B$ だから式 (1.10.1), (1.10.2) より B よりも先に A で最大摩擦力を超えてしまい, 支持台がすべり出すことがわかる. このとき,

$$F_0 = \mu N_A = \frac{\mu \ell_B}{\ell_A + \ell_B} Mg$$

(2) 時刻 t には図 1.10.1 の ℓ_A が長さ vt 短くなるので

$$N_A(t) = \frac{\ell_B}{(\ell_A - vt) + \ell_B} Mg \tag{1.10.3}$$

$$N_B(t) = \frac{\ell_A - vt}{(\ell_A - vt) + \ell_B} Mg \tag{1.10.4}$$

(3) $t = T$ のときに B で静止摩擦力 f_B が最大摩擦力 $\mu N_B(T)$ に等しくなる. 一方, f_B は A での動摩擦力 $f_A = \mu' N_A(T)$ に等しい. よって

$$\mu \frac{\ell_A - vT}{(\ell_A - vT) + \ell_B} Mg = \mu' \frac{\ell_B}{(\ell_A - vT) + \ell_B} Mg \quad \Rightarrow \quad T = \frac{1}{v}\left(\ell_A - \frac{\mu'}{\mu}\ell_B\right)$$

(4) $\ell_A - vT = (\mu'/\mu)\ell_B$ より

$$N_A(T) = \frac{1}{(\mu'/\mu) + 1} Mg = \frac{\mu}{\mu + \mu'} Mg \qquad (1.10.5)$$

$$N_B(T) = \frac{\mu'/\mu}{(\mu'/\mu) + 1} Mg = \frac{\mu'}{\mu + \mu'} Mg \qquad (1.10.6)$$

□

棒が右向きに動き始めた直後，f_A, f_B はともに動摩擦力で，それぞれ $\mu' N_A(T)$, $\mu' N_B(T)$ となる．このとき，$\mu > \mu'$ より $N_A(T) > N_B(T)$ だから棒には右向きの力がはたらき，右向きに加速していく．以下では，棒は動き始めるとすぐに支持台と同じ速さ v となって支持台との相対速度が 0 になり，f_A が静止摩擦力に変わるとする．つまり，$t = T$ からは棒と支持台が一定の速さ v で右向きに進むと考える．このとき f_B は動摩擦力で，棒の重心と支えの水平距離が単位時間当たり v で短くなっていく．

■2点で支えられた棒の運動：棒が動いているとき　　　　　　　　★★☆

> **問題 1.10.2**
>
>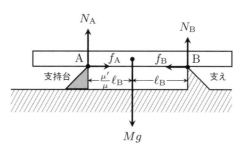
>
> 図 1.10.2　$t = T$ に棒が支持台と同じ速さ v で動き出した．
>
> 　図 1.10.2 の時刻 $t = T$ における棒と支持台の位置を示す．この後，棒が速さ v で右向きに動いていくので重心と支え間の長さ ℓ_B が短くなり，N_B は増加し，N_A は減少する．そして，時刻 $t = T + \tau$ に静止摩擦力 f_A が最大摩擦力に達し，A で支持台に対して棒がすべり出すとしよう．このあと棒は減速していくが，ここでも瞬時に止まると考える．
>
> (5) 棒が止まった時刻 τ を求めよ．
>
> (6) 棒が止まったときの $N_A(T + \tau)$, $N_B(T + \tau)$ を求めよ．

▶解

(5) $\mu N_A(T + \tau) = \mu' N_B(T + \tau)$ より

$$\mu \frac{\ell_B - v\tau}{(\mu'/\mu)\ell_B + (\ell_B - v\tau)} Mg = \mu' \frac{(\mu'/\mu)\ell_B}{(\mu'/\mu)\ell_B + (\ell_B - v\tau)} Mg$$

$$\Rightarrow \quad \tau = \frac{1}{v}\left\{1 - \left(\frac{\mu'}{\mu}\right)^2\right\}\ell_B$$

(6) $\ell_B - v\tau = (\mu'/\mu)^2\ell_B$ より

$$N_A(T + \tau) = \frac{(\mu'/\mu)^2}{(\mu'/\mu) + (\mu'/\mu)^2}\,Mg = \frac{\mu'}{\mu + \mu'}\,Mg \qquad (1.10.7)$$

$$N_B(T + \tau) = \frac{\mu'/\mu}{(\mu'/\mu) + (\mu'/\mu)^2}\,Mg = \frac{\mu}{\mu + \mu'}\,Mg \qquad (1.10.8)$$

□

$N_A(T + \tau) = N_B(T)$, $N_B(T + \tau) = N_A(T)$ と入れ替わった形になっている.

問題 1.10.3

図 1.10.3 に $0 < t < T + \tau$ のときの N_A の変化をグラフに示した.

(7) 図 1.10.3 を参照して N_B, f_A のグラフを描け.

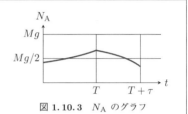

図 1.10.3 N_A のグラフ

▶**解**　$N_A + N_B = Mg$ が成り立つので, 図 1.10.3 に与えられた N_A のグラフから直ちに N_B のグラフを描くことができる (図 1.10.4). f_A のグラフも以下のように考えれば, 容易に描くことができる (図 1.10.5).

$0 < t < T$ のとき, 棒は静止しているから f_A は動摩擦力で, $f_A = \mu'N_A$ である. $T < t < T + \tau$ のとき, 棒は支持台と同じ速さで動いているから f_A は静止摩擦力で, f_B とつりあっている. B で棒は支えに対して滑っているので f_B は動摩擦力となり, $f_B = \mu'N_B$ となる. したがって

$$f_A = \begin{cases} \mu'N_A & 0 < t < T \text{ のとき} \\ \mu'N_B & T < t < T + \tau \text{ のとき} \end{cases}$$

となるので, f_A のグラフは, 対応する N_A, N_B のグラフをそのままもってきて縦軸の目盛りを μ' 倍にすればよい.

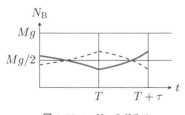

図 1.10.4 N_B のグラフ

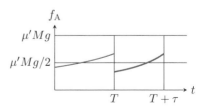

図 1.10.5 f_A のグラフ

□

■ 棒の重心   ★★★

ここまでに得られたことを整理しておこう. はじめ静止していた棒は, 支持台が動き出しても静止したままで, 時間が T 経過したしたときに動き出す. 棒はすぐに速さ v となり, 支持台と同じ速度で動く. 動き出してから時間が τ 経過した時点で, 減速して速やかに停止する. この状態は図 1.10.1 と同じであると考えることができる. ただし, 図 1.10.1 の棒の重心と 2 点 A, B との間の水平距離は

$$\ell_A \to \frac{\mu'}{\mu}\ell_B, \quad \ell_B \to \left(\frac{\mu'}{\mu}\right)^2 \ell_B$$

に置き換わっている.

問題 1.10.4

(8) 時刻 $T+\tau$ からしばらくの間棒は静止している. 棒がまた動き出すまでの時間 τ' は τ の何倍になるか求めよ.

(9) N_A, f_A がどのように変化していくか考察せよ.

(10) 棒の重心と支持台との接点 A, 支えとの接点 B の関係について考察せよ.

▶ 解

(8) 時刻 $T+\tau$ 以降, 棒は静止して支持台が速さ v で動くので, 棒の重心と支持台の点 A との水平距離は $(\mu'/\mu)\ell_B$ から単位時間当たり v で減少していく. 一方, 棒の重心と支えの点 B との水平距離は $(\mu'/\mu)^2\ell_B$ のまま変化しない. 棒が動き出す時刻 $T+\tau+\tau'$ までは f_A は動摩擦力, f_B は静止摩擦力である. 棒が静止してから時間が τ' 経過したときに静止摩擦力が最大摩擦力になるので,

$$\mu'\frac{(\mu'/\mu)^2\ell_B}{((\mu'/\mu)\ell_B - v\tau') + (\mu'/\mu)^2\ell_B}Mg = \mu\frac{(\mu'/\mu)\ell_B - v\tau'}{((\mu'/\mu)\ell_B - v\tau') + (\mu'/\mu)^2\ell_B}Mg$$

が成り立ち,

$$\tau' = \frac{1}{v}\left\{\frac{\mu'}{\mu} - \left(\frac{\mu'}{\mu}\right)^3\right\}\ell_B = \frac{\mu'}{\mu}\times\frac{1}{v}\left\{1 - \left(\frac{\mu'}{\mu}\right)^2\right\}\ell_B = \frac{\mu'}{\mu}\cdot\tau$$

となる. このとき, 棒の重心と支持台の点 A との水平距離は $(\mu'/\mu)^3\ell_B$ である.

(9) これまでの計算結果をまとめると

$$N_A = \begin{cases} \dfrac{\ell_B}{(\ell_A - vt) + \ell_B}Mg & 0 < t < T \\[3mm] \dfrac{\ell_B - v(t-T)}{(\mu'/\mu)\ell_B + (\ell_B - v(t-T))}Mg & T < t < T+\tau \\[3mm] \dfrac{(\mu'/\mu)^2\ell_B}{\{(\mu'/\mu)\ell_B - v(t-(T+\tau))\} + (\mu'/\mu)^2\ell_B}Mg & T+\tau < t < T+\tau+\dfrac{\mu'}{\mu}\tau \end{cases}$$

となった. 棒は静止と等速の移動を交互に繰り返しながら右へ進んでいく. それぞれの継続時間は, 支持台が動き出してから棒が動くまでの T だけ ℓ_A に依存するが, これ以降は τ, $(\mu'/\mu)\tau$, $(\mu'/\mu)^2\tau$, ... と ℓ_B だけに依存して公比 μ'/μ の等比数列をなす

ことが確かめられる．N_A の形も順次書き下していくことができ，次に棒が止まるまでは

$$N_A = \frac{(\mu'/\mu)^2 \ell_B - v\{t - (T + \tau + (\mu'/\mu)\tau)\}}{(\mu'/\mu)^3 \ell_B + \{(\mu'/\mu)^2 \ell_B - v(t - (T + \tau + (\mu'/\mu)\tau))\}} Mg$$

となる（図 1.10.6）．$N_B = Mg - N_A$ で f_A のグラフは先に説明したように，N_A もしくは N_B のグラフをもとに，軸のスケールを μ' 倍することで得られる．図 1.10.7 に f_A のグラフを示す．

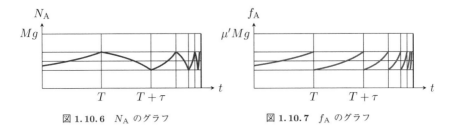

図 1.10.6　N_A のグラフ　　　　　図 1.10.7　f_A のグラフ

棒が静止と等速運動を繰り返す時間の総計は (3) と (5) で求めた T, τ を代入して

$$T + \tau \left(1 + \frac{\mu'}{\mu} + \left(\frac{\mu'}{\mu}\right)^2 + \cdots \right) = T + \tau \times \frac{1}{1 - (\mu'/\mu)} = \frac{\ell_A + \ell_B}{v}$$

と求められる．これは支持台が支えのところまで来るのにかかる時間になっている．

(10) 棒が回転しないためには重心まわりの N_A と N_A による力のモーメントが打ち消す必要がある．そのため，はじめ支持台が棒の重心に向かって動くが，重心の真下に到達する前に棒は動き出す．その後，棒の重心が支えを通過する前に棒は停止する．その後も棒は支持台と同じ速さの運動と静止を繰り返すが，棒の重心は常に支持台と支えに挟まれたところにある．最終的に支持台が支えに到達して A, B が重なり，その真上に重心がある（図 1.10.8）．このようにして棒の重心の位置を探すことができる．ここでは．定量的な計算ができるようするため一様な棒としたが，野球のバットのような非一様なものでも，同じ操作で重心の位置を探すことができる． □

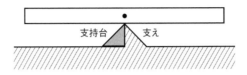

図 1.10.8　棒の重心の求め方

第 2 章

熱力学を中心とした問題

ボイルとシャルル

2.0　熱分野のエッセンス

気体・液体・固体は多数の分子で構成されているが，私たちの目には分子1つ1つを判別することができない．そこで，多くの粒子の集団的な振る舞いとして，これらを扱うのが熱力学である．

1.　気体の状態方程式

■気体分子運動論   ★☆☆

気体によって壁やピストンが押されたり，風船が膨らんだりするのは，圧力の効果である．圧力は，単位面積当たりに加えられる力（正確には面に垂直な力の成分）のことで，断面積 S [m^2] に力 F [N] が加えられたとき，

$$p = \frac{F}{S} \qquad \text{[Pa]} = \frac{\text{[N]}}{\text{[m}^2]} \tag{2.0.1}$$

で定義される．圧力の単位は [Pa]（パスカル）である．圧力の正体は，気体を構成する分子と風船や壁との衝突である．気体の分子が壁に衝突してはね返ると，その力積の反作用として壁は気体から力を及ぼされる．その過程を積み上げると，気体が及ぼす圧力になる．このように，分子運動から気体の巨視的性質を導き出す議論を**気体分子運動論**という ▶2.1節．

■状態方程式   ★☆☆

気体を特徴づける量には，圧力 p [Pa]，体積 V [m^3]，温度 T [K]（ケルビン），物質量 n [mol]（モル）がある．しかし，次の関係式が成り立つので，すべてを自由に設定できるわけではない．

法則 2.1（理想気体の状態方程式）

n [mol] の気体に対して，圧力 p [Pa]，体積 V [m^3]，温度 T [K] の間には

$$pV = nRT \tag{2.0.2}$$

$$\text{[Pa][m}^3] = \text{[mol][J/(mol·K)][K]}$$

の関係が成り立つ．ここで R は気体定数と呼ばれる定数で，$R = 8.31$ J/(mol·K) である．

実際には分子間力や分子自体に大きさがあるため，式 (2.0.2) は近似的に成り立つ式であるが，この式をみたす気体を**理想気体**という．より厳密には，気体の状態方程式は，

$$\left(p - \frac{a}{V^2}\right)(V - b) = nRT$$

のように，分子間力や分子の体積の影響を含めた**ファン・デル・ワールスの状態方程式**で表されることが知られている．ここで，a, b は気体の種類によって決まる正の定数である．

本書では，気体は式 (2.0.2) の関係をみたすものとする.

　気体の物質量を一定にしたとき，式 (2.0.2) は，

$$\frac{pV}{T} = (一定) \qquad ボイル・シャルルの法則 \tag{2.0.3}$$

と書ける. さらに温度が一定のときには

$$pV = (一定) \qquad ボイルの法則 \tag{2.0.4}$$

あるいは圧力が一定のときには

$$\frac{V}{T} = (一定) \qquad シャルルの法則 \tag{2.0.5}$$

となる. ボイルの法則やシャルルの法則は，(P, V, T) の 3 次元空間上で表される気体の状態を 2 次元面に射影したグラフで表される (図 2.0.1).

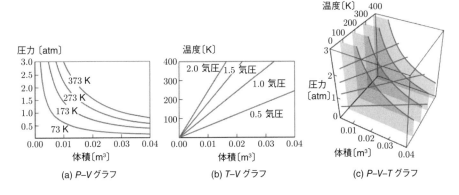

(a) P–V グラフ　　　(b) T–V グラフ　　　(c) P–V–T グラフ

図 2.0.1　1 mol の気体の圧力 P，体積 V，温度 T の状態図. 右側 (c) の 3 次元図が 3
つの変数での振る舞いを示す. この図を手前から見ると (a) の P–V グラフに
なり，上から見ると (b) の T–V グラフになる.

2.　熱 と 熱 の 移 動

■気体の内部エネルギー　　　★☆☆

　温度が高いことは，気体の分子運動が激しくなることに対応する. 気体の分子運動論から，体積一定で閉じ込められた気体では，温度が上昇すると，気体の圧力が大きくなり，気体は外側へ押し広がろうとする ▶2.2 節. つまり，外へ仕事をする能力を増加させる. こうして，気体は内部エネルギーの形でエネルギー U をもつ. その変化 ΔU は温度変化 ΔT によって

$$\Delta U = n C_V \Delta T \tag{2.0.6}$$

のように決まる. ここで，C_V は定積モル比熱と呼ばれる量であり，単原子分子 (He, Ne など) のときは，$C_V = \frac{3}{2}R$, 二原子分子 (N_2, O_2 など) のときは，$C_V = \frac{5}{2}R$ で与えら

れる．分子自身の運動の自由度（degree of freedom）が増えることによって，温度変化に
必要なエネルギーが増加する．単原子分子では並進運動の3つの自由度だが，二原子分子
ではさらに回転の自由度が2つ加わる．三原子分子では振動運動の自由度も加わるので，
$C_V = \dfrac{7}{2}R$ となる．

　熱はエネルギーの一種である．ジュールによって，力学的エネルギー（おもりがした仕事）
は，熱に変換されることが示された．

> **法則 2.2（熱の仕事当量）**
> 　力学的に与える仕事から熱への換算係数は，熱の仕事当量と呼ばれ，次の値になる．
> $$1\,\mathrm{cal} = 4.19\,\mathrm{J} \tag{2.0.7}$$

〔cal〕（カロリー）は熱量の単位で，大まかには1gの水を1K温度上昇させるときの熱
量を1calと定めるが，物理では一般的にジュール〔J〕を用いる．

■熱力学第1法則　　　　　　　　　　　　　　　　　　　　　　　　★☆☆

　気体に熱を加えたり，外力で圧縮すると，気体のもつ内部エネルギーが増加する．

> **法則 2.3（熱力学第1法則：その1）**
> 　気体がもつ内部エネルギーは，熱 Q〔J〕を加えることと，外力によって圧縮して仕
> 事 W_{in}〔J〕を加えることによって変化させることができる．
> $$\Delta U = Q + W_{\mathrm{in}} \tag{2.0.8}$$

　一方，気体が膨脹して外部に仕事をすると，気体は内部エネルギーを失う．断面積 S の
シリンダーに閉じ込めた圧力 p の気体が，ピストンを距離 Δx だけ外側に押し出したとす
ると，気体が外部にした仕事 W_{out} は

$$\text{圧力 } p \text{ が一定のとき } W_{\mathrm{out}} = (\text{力}) \times (\text{移動距離}) = pS \cdot \Delta x = p\Delta V \tag{2.0.9}$$

$$\text{一般に } W_{\mathrm{out}} = \int p(V)\,dV \tag{2.0.10}$$

として計算される．$\Delta V = S\Delta x$ は体積の変化分である．

> **法則 2.3（熱力学第1法則：その2）**
> 　気体に熱 Q〔J〕を加えたとき，その熱は外部にした仕事 W_{out} と内部エネルギーの
> 上昇に変化する．
> $$Q = \Delta U + W_{\mathrm{out}} \tag{2.0.11}$$

　ここで，熱力学第1法則を2つの形で記したが，気体が外力によって仕事をされたのか
（W_{in}），あるいは気体が外部に仕事をしたのか（W_{out}）の定義によって式の表現が異なっ

ていることに注意したい. $W_\mathrm{in} = -W_\mathrm{out}$ となっている.

■状態変化　　　　　　　　　　　　　　　　　　　　　　★☆☆

気体は，圧力・体積・温度の 3 つの量を変化させることができるが，なんらかの量を一定に保って変化させることを考えると状態変化を理解しやすい（図 2.0.2）.

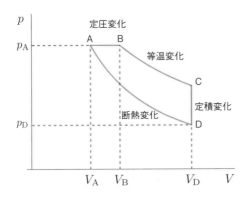

図 2.0.2　P–V グラフ上での 4 つの状態変化. ABCDA と順に状態を変化させる熱機関では，囲まれた部分の面積が外部にした仕事の大きさになる.

- 体積を一定に保つ状態変化を**定積変化**という. このとき気体は外部に仕事をしないので，気体の温度変化を ΔT として，$\Delta U = Q = nC_V \Delta T$ となる.
- 圧力を一定に保つ状態変化を**定圧変化**という. このとき気体が外部にする仕事は，気体の温度変化を ΔT として，$W_\mathrm{out} = p\Delta V = nR\Delta T$ である. 気体に加えた熱 Q は，定圧モル比熱を C_p として $Q = nC_p \Delta T$ と書くことができる. 熱力学第 1 法則より，$C_p = C_V + R$ が成り立つことがわかる（マイヤーの関係式[*1)]）.
- 温度を一定に保つ状態変化を**等温変化**という. $pV = $（一定）が成り立つ. 等温変化では内部エネルギーは一定で，$Q = W_\mathrm{out}$ である.
- 熱の出入りを断って行う状態変化を**断熱変化**という. $pV^\gamma = $（一定）が成り立つ（ポアソンの関係式）. γ は比熱比で，$\gamma = C_p/C_V$ である. エントロピーが一定なので，等エントロピー変化ともいわれる ▶2.6 節.

いずれの変化も，本書の範囲では，熱力学的平衡状態を保ったまま状態変化をゆっくりとさせる**準静的過程**を問題にする. 準静的過程は摩擦による熱の発生などを考えない理想的なもので，可逆変化でもある.

[*1)] 本書第 2 巻付録 B.2 では，偏微分（多変数関数に対する微分）を説明する. マイヤーの関係式も一般的に導出する.

■熱機関　　　　　　　　　　　　　　　　　　　　　　　　　★☆☆

シリンダーなどに封入した気体に熱を加えて膨張させ (外に仕事を行い), 冷やして元の状態に戻す. このように繰り返し熱を利用して外部に仕事を行う装置を**熱機関** (heat engine) と呼ぶ. 蒸気機関車は石炭を燃焼させ, 自動車はガソリンを燃焼させて熱を得るが, しくみは同じである.

気体の状態を元に戻すには, 低温熱源に触れさせて熱エネルギーの一部を放出させなければならない. 一連の動作を, 気体の圧力 p を縦軸, 体積 V を横軸にしたグラフ上で表すと, 閉曲線を描き, 時計回りに動く. この閉曲線を一周する熱サイクルでは, 加えた熱エネルギー Q のうち, 正味どれだけが仕事に使われたのかを表す**熱効率**

$$\eta = \frac{W_{\mathrm{out}}}{Q} \tag{2.0.12}$$

を定義する.

熱効率 η を 100% にすることはできない. これは第二種永久機関を作ることができない [*2] ことを表していて, **熱力学第 2 法則**と呼ばれる.

なお, 現実の物理的な過程では, 系全体として熱が拡散・散逸する方向に状態が変化していくが, これを乱雑さを表す量 S (エントロピー) が増大するとして, 理解することができる ▶2.6節. エントロピー S は常に増大することが示され, これは, 熱力学第 2 法則の別な表現とも理解される.

●　　　　　　●　　　　　　●

熱力学の法則には, このほかに熱平衡状態と温度が対応することを述べる**第 0 法則**と, 絶対温度ゼロ度がエントロピー $S = 0$ に対応することを述べる**第 3 法則**がある.

[*2] 外部からのエネルギー供給なしにずっと仕事をする装置を第一種永久機関, 外部からのエネルギーをすべて仕事にすることができる装置を第二種永久機関という. 熱力学第 1 法則により, 第一種永久機関は不可能である.

2.1 風船の膨張

■気体の分子運動論 ★☆☆

熱の正体は分子運動の激しさである，というのが高校物理で伝えられるメッセージの一つである．目には見えないが，多数の分子が壁と衝突を繰り返すときに壁に加える力積が，圧力となっていることを，気体の分子運動論から確認してみよう．

問題 2.1.1

図 2.1.1 のような半径 r〔m〕の球形の容器に，単原子分子からなる気体が 1 mol 入っている．分子は容器の内側の壁と弾性衝突を繰り返し，その衝突で壁が受ける力積が気体の圧力の原因になる．この関係を導こう．気体は理想気体として扱ってよく，重力の効果は無視する．

質量 m〔kg〕，速さ v〔m/s〕の 1 個の分子が，壁に入射角 θ でぶつかるとき，壁に垂直な成分の運動量は，外向きを正として，衝突前の $mv\cos\theta$ から衝突後には $-mv\cos\theta$ に変化する．そのため，分子は壁に対して $\boxed{\ \ ア\ \ }$〔kg·m/s〕の力積を与える．

分子が壁と次に衝突するまでには $\boxed{\ \ イ\ \ }$〔m〕の距離を動くことから，t〔s〕間には $vt/\boxed{\ イ\ }$ 回ぶつかる．すなわち，壁は分子 1 個から t〔s〕間に $\boxed{\ \ ウ\ \ }$〔kg·m/s〕の力積を受けることになる．この値は θ によらないので，分子がどんな角度で壁にぶつかっても同じである．したがって，壁はこの分子から単位時間当たりの平均の力として，$\boxed{\ \ ウ\ \ }/t$〔N〕を受ける．

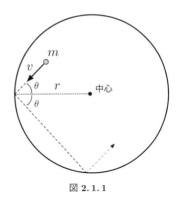

1 mol の気体に含まれる分子数を N_0 個，v^2 の平均値を $\langle v^2 \rangle$ とすると，分子全体から壁が受ける力 F〔N〕は，$F = \boxed{\ \ エ\ \ }$ となる．気体の圧力 p〔Pa〕は，単位面積当たりにかかる力として，

$$p = \frac{壁が受ける力}{容器の内壁の面積} = \boxed{\ \ オ\ \ }$$

図 2.1.1

となる．容器の体積を V〔m³〕とすると，

$$pV = \boxed{\ \ カ\ \ } \tag{2.1.1}$$

となって，右辺は r を用いずに表すことができる．

一方で，理想気体の状態方程式を考えると，気体定数を R〔J/(mol·K)〕，絶対温度を T〔K〕とすれば，1 mol の気体に対して

$$pV = RT \tag{2.1.2}$$

である. 式 (2.1.1), (2.1.2) から, 気体分子 1 個の平均運動エネルギーは

$$\frac{1}{2}m\langle v^2\rangle = \boxed{\text{キ}}$$

となり, 温度の関数として決まることがわかる. 気体分子がこのような形でもつ熱運動による運動エネルギーの総和を気体の内部エネルギーという.

　高校の教科書で扱われる気体分子運動論は, 立方体の箱に閉じ込められた分子の設定であることが多い. ここでは, 球形の容器にした. もちろん, 容器の形状によらない結論が導かれる.

▶ 解

ア　壁に垂直な成分の変化を考えて, $\underline{2mv\cos\theta}$.

イ　図 2.1.1 で, 衝突間の距離を計算して, $\underline{2r\cos\theta}$.

ウ　(運動量変化)×(衝突回数) を考えて, $2mv\cos\theta \times \dfrac{vt}{2r\cos\theta} = \underline{\dfrac{mv^2t}{r}}$.

エ　(分子数)×(1 つの分子が及ぼす力) を考えて, $N_0\underline{\dfrac{m\langle v^2\rangle}{r}}$.

オ　球の表面積は $4\pi r^2$ なので, $N_0\dfrac{m\langle v^2\rangle}{r} \times \dfrac{1}{4\pi r^2} = \underline{N_0\dfrac{m\langle v^2\rangle}{4\pi r^3}}$.

カ　球の体積は $\dfrac{4\pi r^3}{3}$ なので, $N_0\underline{\dfrac{m\langle v^2\rangle}{3}}$.

キ　$\dfrac{3}{2}\dfrac{R}{N_0}T$. □

結果として, 気体のもつエネルギーは温度のみで決まることが導かれた. キで得られた式に登場する R/N_0 はボルツマン定数と呼ばれる量である.

■ 風船の膨張　　　　　　　　　　　　　　　　　　　★☆☆

問題 2.1.2

　球形の風船があり, n〔mol〕の単原子分子からなる理想気体が閉じ込められている. 図 2.1.2 のように, 風船内には大きさの無視できるヒーターがある. はじめ, 風船内部の気体の圧力は大気圧 p_0〔Pa〕とつりあって p_0 であり, 風船全体の温度は T_A〔K〕で, 半径が r_A〔m〕の状態になっていた. これを状態 A とする.

　ヒーターのスイッチを入れると, ヒーターは毎秒一定の熱を放出し, 全体をゆっくりと加熱した. 風船は膨張し, t_1〔s〕後に半径

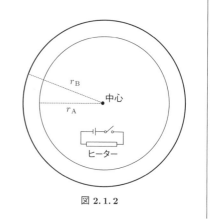

図 2.1.2

が r_B 〔m〕の状態 B になった．状態 A から状態 B になる過程について，以下の問い
に答えよ．ただし，風船は熱を通さず質量が無視できる素材でできており，膨張の過
程は定圧変化と考えてよいものとする．

(1) 風船の中の気体が大気に対してした仕事の大きさ W〔J〕はいくらか．

(2) 状態 B での温度は T_A の何倍か，求めよ．

(3) 風船内の気体分子の速度の 2 乗平均 $\langle v^2 \rangle$ は何倍になったか，求めよ．

(4) ヒーターが加えた熱 Q のうち，風船の膨張に使われたエネルギーの割合 $\dfrac{W}{Q}$ を数
値で答えよ．

(5) 風船内の気体について，温度の時間変化のグラフを描け．軸上に必要な値も記入
すること．

▶ 解

(1) 一定圧力での膨張で，体積変化は

$$\Delta V = \frac{4}{3}\pi \left(r_B{}^3 - r_A{}^3\right)$$

であるから，

$$W = p_0 \Delta V = p_0 \frac{4}{3}\pi \left(r_B{}^3 - r_A{}^3\right)$$

(2) 状態 B での温度を T_B とすると，状態 A, B での状態方程式は，

$$p_0 \frac{4}{3}\pi r_A{}^3 = nRT_A$$

$$p_0 \frac{4}{3}\pi r_B{}^3 = nRT_B$$

これらの比から，$\dfrac{T_B}{T_A} = \dfrac{r_B{}^3}{r_A{}^3}$.

(3) 問題 2.1.1 の結果より，内部エネルギー U は，

$$U = n N_0 \frac{1}{2}m\langle v^2 \rangle = \frac{3}{2}nRT$$

となるので，$\langle v^2 \rangle \propto T$. したがって，$\langle v^2 \rangle$ の増加率は，$\dfrac{\langle v_B{}^2 \rangle}{\langle v_A{}^2 \rangle} = \dfrac{T_B}{T_A} = \dfrac{r_B{}^3}{r_A{}^3}$.

(4) 状態方程式を用いると，

$$W = p_0 \Delta V = nR(T_B - T_A) \equiv nR\Delta T$$

また，熱力学第 1 法則より，加えた熱 Q は，外部へした仕事と内部エネルギーの増加
に使われるから

$$Q = W + \frac{3}{2}nR\Delta T = \frac{5}{2}p_0 \Delta V$$

求める割合は，

$$\frac{W}{Q} = \frac{2}{5}$$

〔別解〕単原子分子理想気体なので，$Q = nC_p\Delta T = n\dfrac{5}{2}R\Delta T$ と考えてもよい．

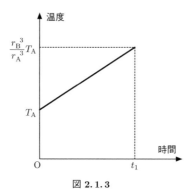

図 2.1.3

(5) Q が毎秒一定であるなら，ΔV も ΔT も毎秒一定の割合で増加する．これより，グラフは図 2.1.3 のようになる． □

仕事・熱・エネルギーは，同じ次元の物理量を表す言葉だが，使い分けがある．本問でも 3 通りが混ざっているので，理解の助けにしてほしい．さて，本問では体積が一定に増加したが，半径の増加の仕方をグラフにしたらどうなるだろうか．

2.2 熱　気　球

■大気の密度・圧力・温度　　　★☆☆

大気圧は空気の重さで生じる圧力である．上空に行くほどそこよりも上にある大気の量が減るため大気圧は小さくなり，温度も変化する．以下では，一定の高さのところでは空気を理想気体と見なせるとし，大気の密度や圧力の高さによる変化を簡単なモデルで計算してみよう．

問題 2.2.1

気体の標準状態とは，1 気圧（= 1013.25 hPa），0°C（= 273.15 K）の状態である．標準状態では 1 mol の気体が 22.4×10^{-3} m^3 の体積を占めることから，気体定数 R は ┌ ア ┐ となる．空気を構成する分子は表2.2.1 のようになっている．この表より，1 mol 当たり空気の平均質量 M は 28.96×10^{-3} kg である．これより標準状態での空気の密度 ρ_0 は，$\rho_0 =$ ┌ イ ┐ となる．以下では空気を大気と称する．

表 2.2.1　空気の構成要素

分子	分子量	混合比
N$_2$	28	78%
O$_2$	32	21%
Ar	40	1%
空気	28.96	

鉛直上向きに z 軸をとり，海抜ゼロ（標高 0 m）のところを原点とする．大気の密度，圧力および温度の z 依存性を考えてみよう．$z = 0$（標高 0 m）での大気の圧力，温度をそれぞれ P_0, T_0 とし，高さ z での大気の密度，圧力および温度を $\rho(z)$, $P(z)$, $T(z)$ とする．

図 2.2.1 に示したように，断面積 S, 高さ Δz の円筒を考え，底面の高さを z とする．この円筒内の大気の密度は一定で $\rho(z)$ であるとすれば，その質量は，┌ ウ ┐ となる．

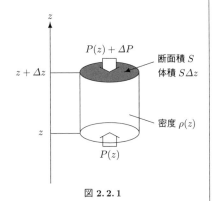

図 2.2.1

また，円筒内の大気には上面から下向きに大気圧による力 $(P(z) + \Delta P)\,S$ がかかり，この力と円筒内の大気に加わる重力の合力が，下面から上向きにはたらく大気圧による力とつりあう．したがって，重力加速度の大きさを g とすると，大気圧の変化分は，$\Delta P =$ ┌ エ ┐ となる．

(1) ある高さ z での，大気 1 mol の体積を $V(z)$ とする．状態方程式と，密度の定義式 $\rho(z) = \dfrac{M}{V(z)}$ から，$\rho(z)$ を $P(z), T(z)$ を用いて表せ．

▶解

ア $R = \dfrac{(1013.25 \times 10^2) \times (22.4 \times 10^{-3})}{273.15} \fallingdotseq 8.31 \ \mathrm{J/(K \cdot mol)}$

イ $\rho_0 = \dfrac{28.96 \times 10^{-3}}{22.4 \times 10^{-3}} = 1.29 \ \mathrm{kg/m^3}$

ウ 体積が $S\Delta z$ なので，$\rho(z)S\Delta z$

エ 力のつりあいから，

$$P(z)S = (P(z) + \Delta P)\,S + (\rho(z)S\Delta z)g \quad \Rightarrow \quad \Delta P = -\rho(z)g\Delta z$$

(1) 1 mol 当たりの大気の状態方程式 $P(z)\,V(z) = R\,T(z)$ と，密度の定義式 $\rho(z) = \dfrac{M}{V(z)}$ から，

$$\rho(z) = \frac{M}{R}\frac{P(z)}{T(z)} \tag{2.2.1}$$

□

■**標高による密度の変化**   ★★☆

高さ z から Δz 高くなったときの圧力の変化は，空所エの答えと式 (2.2.1) より

$$\Delta P = -\rho(z)g\Delta z = -\frac{Mg}{R}\frac{P(z)}{T(z)}\Delta z \tag{2.2.2}$$

で与えられる．

地表から上空 11 km あたりまでの大気を対流圏という．地球に飛んでくる太陽光線の約 50% は地上に降り注ぐ（反射するのが 30%，大気に吸収されるのが 20%）．地表が受けた太陽からのエネルギーが対流によって上空へと運ばれるため，この領域を対流圏と呼ぶ．対流圏では大気の上下方向の運動が気象現象を引き起こす．

対流圏より上の大気ではオゾンの濃度が高くなり，紫外線を吸収する．その結果，対流圏の上側のある程度までは温度がほぼ一定になり，対流はほとんど起こらなくなる．長距離を飛行するジェット機は，気体の上下の揺れを避けるため，対流圏上部の地上 10 km あたりを飛行する．

一方，対流圏では高度とともに大気の温度は減少する．観測により，

$$T(z) = T_0 - kz, \quad k = 0.0065 \ \mathrm{K/m} \tag{2.2.3}$$

で表されることが知られている．地表付近の大気が上昇するとき断熱的に膨張すると考えて式 (2.2.3) を導出してみよう．

問題 2.2.2

　大気が上昇するとき断熱膨張によって温度が低下すると見なし，高度による温度変化や圧力変化を計算してみよう．理想気体が断熱変化するとき，圧力 P と体積 V は PV^γ が一定に保たれる．γ を比熱比といい，大気の大部分を構成する二原子分子では $\gamma = 1.4$ である．

(2) 断熱膨張するとき，圧力 P と温度 T の間に成り立つ関係を求めよ．

(3) 圧力 P，温度 T の状態からそれぞれ $P + \Delta P$, $T + \Delta T$ の状態に微小な変化をしたとき，変化量 ΔP, ΔT の間に成り立つ関係式を示せ．

(4) 式 (2.2.2) を用いて ΔT と Δz の関係を求めよ．

▶解

(2) 理想気体 1 mol の状態方程式より，$V = R\dfrac{T}{P}$ であるから，

$$PV^\gamma = (\text{一定}) \quad \Rightarrow \quad \frac{T^\gamma}{P^{\gamma-1}} = (\text{一定}) \tag{2.2.4}$$

(3) (2) の結果より

$$\frac{T^\gamma}{P^{\gamma-1}} = \frac{(T + \Delta T)^\gamma}{(P + \Delta P)^{\gamma-1}} = \frac{T^\gamma}{P^{\gamma-1}} \times \frac{\left(1 + \dfrac{\Delta T}{T}\right)^\gamma}{\left(1 + \dfrac{\Delta P}{P}\right)^{\gamma-1}}$$

$$\Rightarrow \quad \frac{1 + \gamma\dfrac{\Delta T}{T}}{1 + (\gamma - 1)\dfrac{\Delta P}{P}} = 1 \quad \Rightarrow \quad \gamma\frac{\Delta T}{T} = (\gamma - 1)\frac{\Delta P}{P}$$

(4) (3) の結果より

$$\Delta T = \frac{\gamma - 1}{\gamma}\frac{T}{P}\Delta P = \frac{\gamma - 1}{\gamma}\frac{T}{P} \times \left(-\frac{Mg}{R}\frac{P}{T}\Delta z\right)$$

$$= -\frac{\gamma - 1}{\gamma}\frac{Mg}{R}\Delta z \tag{2.2.5}$$

□

　この式の右辺の Δz の係数は定数であるから，$T(z)$ の変化量は Δz に比例する．そのため，$T(z)$ のグラフは直線となり，

$$T(z) = T_0 - \frac{\gamma - 1}{\gamma}\frac{Mg}{R}z \tag{2.2.6}$$

と表される．これで式 (2.2.3) が示された $\left([\text{参考}]\ \dfrac{dT}{dz} = -\dfrac{\gamma - 1}{\gamma}\dfrac{Mg}{R}\ \text{を積分した}\right)$．

　式 (2.2.6) から k の値は

$$k = \frac{\gamma - 1}{\gamma}\frac{Mg}{R} = \frac{0.4}{1.4} \times \frac{28.96 \times 10^{-3} \times 9.8}{8.31} \fallingdotseq 0.0098\ \text{K/m}$$

となり，観測値より 5 割ほど大きい．観測された k の値が理論値より小さくなる理由は，大気中の水蒸気が凝縮して潜熱を放出するため，上昇による気温の低下の割合が小さくなるからである．

　$T(z)$ が求められたので，式 (2.2.4) より $P(z)$ が求められる．

$$\frac{T(z)^\gamma}{P(z)^{\gamma-1}} = \frac{T_0^\gamma}{P_0^{\gamma-1}} \quad \Rightarrow \quad P(z) = P_0\left(\frac{T(z)}{T_0}\right)^{\frac{\gamma}{\gamma-1}} \tag{2.2.7}$$

[参考] なお，式 (2.2.2), (2.2.5) より

$$\Delta P = -\frac{Mg}{R}\frac{P(z)}{T(z)} \times \left(-\frac{\gamma}{\gamma-1}\frac{R}{Mg}\Delta T\right) = \frac{\gamma}{\gamma-1}\frac{P(z)}{T(z)}\Delta T$$

という関係式が得られる．ここで Δz を 0 にする極限で ΔP と ΔT は 0 に近づき，微分方程式

$$\frac{dP}{P(z)} = \frac{\gamma}{\gamma-1}\frac{dT}{T(z)} \tag{2.2.8}$$

が得られる．式 (2.2.8) は，変数分離型の微分方程式 ▶第 2 巻付録 B.1 だから

$$\int_{P_0}^{P}\frac{dP}{P(z)} = \frac{\gamma}{\gamma-1}\int_{T_0}^{T}\frac{dT}{T(z)}$$

となり，

$$\log\frac{P(z)}{P_0} = \frac{\gamma}{\gamma-1}\log\frac{T(z)}{T_0} \quad\text{すなわち}\quad P(z) = P_0\left(\frac{T(z)}{T_0}\right)^{\frac{\gamma}{\gamma-1}} \tag{2.2.9}$$

が得られる．このようにして式 (2.2.7) を求めることもできる．

問題 2.2.3

(5) 密度 $\rho(z)$ を表す式を求めよ．

(6) 標高ゼロでの気圧を 1 気圧，気温を 15℃とする．富士山山頂での気圧と大気の密度は，標高ゼロ地点の何倍か．

▶**解**

(5) 式 (2.2.1) に式 (2.2.6), 式 (2.2.7) を代入する．$\frac{\gamma-1}{\gamma}\frac{Mg}{R} = k$ として

$$\rho(z) = \frac{M}{R}\frac{P(z)}{T(z)} = \frac{M}{R}\frac{P_0\left(\frac{T_0-kz}{T_0}\right)^{\frac{\gamma}{\gamma-1}}}{T_0-kz} = \frac{MP_0}{RT_0}\left(\frac{T_0-kz}{T_0}\right)^{\frac{1}{\gamma-1}} \tag{2.2.10}$$

(6) 気圧の比については，式 (2.2.7) より

$$\frac{P(z)}{P_0} = \left(\frac{273+15-0.0098z}{273+15}\right)^{3.5} \tag{2.2.11}$$

となる．この式に $z = 3776$ を代入して，0.62 倍．密度の比は，式 (2.2.10) より

$$\frac{\rho(z)}{\rho(0)} = \left(\frac{273+15-0.0098z}{273+15}\right)^{2.5} \tag{2.2.12}$$

となり，0.71 倍である．   □

■熱気球と浮力   ★★☆

気体と液体をまとめて流体と呼ぶ．図 2.2.2 は，流体 A の中にある円筒部分を表している．円筒内は流体 B とする．円筒は流体 A から圧力による力をあらゆる方向から受ける．円筒の側面にはたらく力は打ち消すが，上下の面からの力には差がある．流体 A は自身の

質量のため，下部に行くほど圧力が大きくなる．そのた
め，円筒上面より下面の方が，流体 A の圧力は大きく，
流体 B へ及ぼす力も大きい．したがって円筒内の流体
B は上向きに力を受ける．これを浮力という．流体 A
の密度より流体 B の密度が小さければ，浮力によって
円筒は流体 A 内を上昇する．

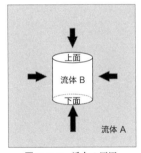

図 2.2.2　浮力の原因

　浮力の大きさは，円筒内に存在したはずの流体 A に
はたらく重力の大きさである．この円筒に別の流体を入
れたとしても，円筒にはたらく浮力は変わらない．アル
キメデスはこのことを「浮力の大きさは，物体が流体を
押しのけた部分の流体の重量と等しい」と表現した．

　熱気球や風船は，大気中で浮力を受ける．浮力が重力より大きければ，上昇する．どこ
まで熱気球が上昇できるのか，考えてみよう．

問題 2.2.4

　断熱素材でできた球状の袋の中へ，加熱した大気を送り込むことで浮き上がる熱気
球を考えよう．球体の下部には小さな開口部があり，その下にゴンドラが接続されて
いる．熱気球全体の体積は，球体内の容積と等しく $V_b = 500$ m^3，熱気球の質量は，
ゴンドラを含めて（球体内の気体を含めないで）$M = 180$ kg とする．はじめ，熱気
球は地表にあり，地表の温度は $T_0 = 273$ K，地表の圧力 P_0 は 1 気圧，大気の密度
は $\rho(0) = \rho_0 = 1.29$ kg/m^3 であった．

(7) 気球が浮上するための，気球内の大気の最低温度を求めよ．

(8) 気球内の大気を 500 K にしてゆっくりと浮上する．高さ z での大気の密度が式
(2.2.10) にしたがうとき，気球が到達する高さはどれだけか．

▶解

(7) 気球内の大気の密度を ρ_T とすると，気球内大気の質量は，$\rho_T V_b$ であり，気球全体に
加わる重力は，$(\rho_T V_b + M)g$ である．一方で，気球に加わる浮力は，$\rho_0 V_b g$ である．
したがって，浮上するための条件は，

$$\rho_0 V_b g > (\rho_T V_b + M)\,g$$

また，温度 T のときの気体の密度 ρ_T は，密度を用いた状態方程式 (2.2.1) で，気球
内大気の加熱前後を比較すると，

$$\frac{\rho_0 T_0}{P_0} = \frac{\rho_T T}{P_0} \quad \text{すなわち} \quad \rho_T = \rho_0 \frac{T_0}{T}$$

となる．これより，

$$T > T_0 \frac{\rho_0 V_b}{\rho_0 V_b - M} \fallingdotseq 379 \text{ K}$$

(8) 気球は重力と浮力がつりあうところまで上昇すると考えられる. 高さ z での大気の密度 $\rho(z)$ を用いると, 浮力と重力がつりあうときは,

$$\rho(z)V_\mathrm{b}g = \left(\rho_0 \frac{T_0}{T}V_\mathrm{b} + M\right)g$$

となることから,

$$\rho(z) = \rho_0 \frac{T_0}{T} + \frac{M}{V_\mathrm{b}}$$

これに式 (2.2.12) を代入すると,

$$\left(\frac{273 - 0.0098z}{273}\right)^{2.5} = \frac{T_0}{T} + \frac{M}{\rho_0 V_\mathrm{b}} \tag{2.2.13}$$

これより

$$z = \frac{273}{0.0098} \times \left\{1 - \left(\frac{273}{T} + \frac{180}{1.29 \times 500}\right)^{1/2.5}\right\} \tag{2.2.14}$$

が得られる. $T = 500\,\mathrm{K}$ のとき $z = 2062\,\mathrm{m}$, およそ $2100\,\mathrm{m}$ になる.   □

■ Coffee Break 4 (ラプラスの悪魔)

ニュートンの運動方程式は, 初期条件 (位置と初速度) を与えれば, その後のすべての運動が決まることを述べている. そうだとすれば, もし, ある時点において, すべての運動状態を完全に把握できたならば, 未来に引き起こされるすべての事象が正確に予言できることになる. これは 18 世紀の数学者・物理学者ラプラス (P.-S. Laplace, 1749–1827) が自著に記した説明で, 彼は「超越的な知性」を考えたのだが, 後に「ラプラスの悪魔」(Laplace's demon) と呼ばれるようになった.

ラプラスは, 物理法則の因果的な性質を述べたのだが, 「自由意志の存在」に対する「決定論の存在」としてよく引き合いに出される. だが, 実際の物理法則も, 流体系では非線形の方程式になり, 原子レベルでは確率解釈が必要な量子力学に移行するなど「ラプラスの悪魔」の反例はいくらでもある.

非線形性とは, 方程式の解 x_1 と x_2 が得られても, $x_1 + x_2$ が解になっていない状況をいう. 例えば 2 次方程式は非線形系だ (1 次方程式以外は非線形系だ). 非線形系では, 少しだけ初期条件が異なるだけでも, 将来の発展がだいぶ異なることが生じる可能性があり, 「カオス」と呼ばれる. スーパーコンピュータを用いて天気予報がなされる時代になっているが, まだ完全に予報がされるわけではない. 現実の現象はまだまだ未解明なものがあふれている.

2.3 間 欠 泉

■別府温泉で見た間欠泉

★☆☆

温泉の近くなどで，数分から数時間おきに周期的に水や水蒸気が吹き出す「間欠泉」が
名所になっている所がある．アメリカのイエローストーン国立公園にあるものが世界的に
有名だが，日本にも多数存在する．筆者は別府温泉で，龍巻地獄と呼ばれる間欠泉を見た
ことがあるが，ほぼ 30 分おきに，5 分程度，10 m を超える高さでお湯が吹き上げられてい
た（最近では安全のため，吹き出し口上部に屋根が取り付けられてしまった：図 2.3.1）．

間欠泉のしくみには諸説あるが，その中には水鉄砲のようなモデルもある．図 2.3.2 の
ように，間欠泉の吹き出し口から地下に長い管がのび，管内には地下水が流入する．地下
には空洞もあり，地熱によって常に加熱される．地下水によって空洞に閉じ込められた気
体が熱膨張すると，やがて地下水を押し上げ，水は間欠泉として吹き上げられる．この現
象が繰り返される，というモデルである．

高さ $h = 10$ m まで吹き上げられる間欠泉があったとする．この水鉄砲モデルで説明で
きるとして，地下の空洞がどれくらいの深さにあるのか，考えてみよう．まずは，一度に
吹き上げられる水量を見積もることから始める．

図 2.3.1 吹き上がる間欠泉（大分・龍巻地獄，
提供：浜田陽太郎）

図 2.3.2 地中の想像図

問題 2.3.1

空気抵抗などを考えず，鉛直上向きに，質量 m の物体（水の塊）が打ち上げられる
状況を考えてみよう．

(1) 物体が高さ $H = 10\,\mathrm{m}$ まで到達するときの，初速度の大きさ $v_0\,[\mathrm{m/s}]$ はいくらか．重力加速度の大きさは $g = 9.8\,\mathrm{m/s^2}$ とする．

(2) 高さ $H = 10\,\mathrm{m}$ まで水が吹き上げられていたとする．吹き出し口の面積が $S = 0.1$ $\mathrm{m^2}$ だとして，吹き上げられた水の質量は毎秒どれだけか．また，5分間では水の総量 $M\,[\mathrm{kg}]$ はいくらか．

(3) 吹き上げられた水のもっていたエネルギーの総量 $E\,[\mathrm{J}]$ はいくらか．

▶ 解

(1) 力学的エネルギー保存則から

$$\frac{1}{2}mv_0^2 = mgH \quad \text{すなわち} \quad v_0 = \sqrt{2gH}$$

となるから，

$$v_0 = \sqrt{2 \times 9.8 \times 10} = 14\,\mathrm{m/s}$$

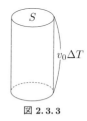

図 2.3.3

(2) ΔT 秒間に放出される水の体積は，$Sv_0\Delta T\,[\mathrm{m^3}]$ である（図 2.3.3）から，1秒間では

$$m = 0.1\,\mathrm{m^2} \times 14\,\mathrm{m/s} \times 1\,\mathrm{s} \times 10^3\,\mathrm{kg/m^3} = 1.4 \times 10^3\,\mathrm{kg} \tag{2.3.1}$$

すなわち，1.4 t である．5分間では，

$$M = 0.1\,\mathrm{m^2} \times 14\,\mathrm{m/s} \times 300\,\mathrm{s} \times 10^3\,\mathrm{kg/m^3} = 4.2 \times 10^5\,\mathrm{kg} \tag{2.3.2}$$

すなわち，420 t である．

(3) 与えられた運動エネルギーの総量は，

$$E = \frac{1}{2}Mv_0^2 = 4.116 \times 10^8\,\mathrm{J} \qquad \qquad \square$$

5分間で，ジャンボジェット1機分の質量の水が噴き出していることになる．ちょっと驚きだ．

■ 空気鉄砲モデル   ★☆☆

さて，地中の部分だが，モデルをさらに簡略化し，水をピストンと見立てて，空気鉄砲を縦に向けたような実験装置を考えてみよう（図2.3.4）．鉄砲の筒の部分は，長さが $d\,[\mathrm{m}]$ で，断面積が $S\,[\mathrm{m^2}]$ とする．下部には体積が $V\,[\mathrm{m^3}]$ の容器があり，周囲の熱源から中の気体は常に加熱されている．容器には，気体が出入りできる弁がついていて，この弁は気体の圧力がある値以上になると開き，管内のピストンを押し上げ，ピストンが上に飛び出すしくみである．

問題 2.3.2

　図 2.3.4 のモデルで，容器の弁が開き，空気が放出されて，弁のところで静止していた質量 M の物体（ピストン）が，下から一定の力 F〔N〕を受け上方へ押し出されたとする．

(4) 物体に生じる加速度を a〔m/s^2〕として，運動方程式を立てよ．大気圧を p_0〔Pa〕とする．

(5) 押し上げる時間が Δt〔s〕のとき，速度がゼロから v_0 になったとする．力積と運動量の関係式を立てよ．

(6) 押し上げる距離が d〔m〕のとき，速度がゼロから v_0 になったとする．運動エネルギーと仕事の関係式を立てよ．

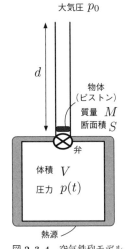

図 **2.3.4** 空気鉄砲モデル

▶解

(4) 重力 Mg と，大気圧 p_0 による力 $p_0 S$ の合力に対抗して上向きに F の力を加えるのだから，正味加わる力は，上向きに $F - Mg - p_0 S$．物体に生じる加速度を a とすると，

$$Ma = F - Mg - p_0 S \tag{2.3.3}$$

(5) 物体に加えた力積（力 × 加えた時間）が物体の運動量変化 Mv_0 を与えたことから

$$(F - Mg - p_0 S)\Delta t = Mv_0 \tag{2.3.4}$$

(6) 物体に加えた仕事（力 × 動かした距離）が運動エネルギー $\left(\dfrac{1}{2}Mv_0{}^2\right)$ になったことから，

$$(F - Mg - p_0 S)d = \frac{1}{2}Mv_0{}^2 \tag{2.3.5}$$

□

　運動方程式，運動量，エネルギーに関する 3 つの式を立てたが，これらは独立なものではない．運動量の式は運動方程式を時間方向に積分することで得られ，エネルギーの式は運動方程式をエネルギー積分（速度 $\vec{v}$ と内積をとって，時間方向に積分）することで得られる式だからだ ▶1.0節．例えば，式 (2.3.3) と式 (2.3.4) からは，加速度が $a = v_0/\Delta t$ となるが，これは加速度の定義式に他ならない．式 (2.3.4) と式 (2.3.5) からは，$d/\Delta t = v_0/2$ となるが，これは平均速度を求めたに過ぎない．

問題 2.3.3

図 2.3.4 の空気鉄砲モデルで，まず，気体が加熱される過程を考えよう．

(7) 容器に，大気圧と同じ圧力 p_0 の理想気体 n〔mol〕を入れて弁を閉じた．この時刻を $t = 0$ s とし，この状態を $Ⓐ$ とする．$Ⓐ$ の気体の温度 T_0〔K〕は，いくらか．

(8) 容器全体は周囲から加熱され，閉じ込められた気体に毎秒 Q〔J〕の熱が取り込まれる．この気体の定積モル比熱を C_V〔J/(mol·K)〕とすると，気体の温度上昇は毎秒どれだけか．

容器内の気体の温度が T_0 の x 倍になったとき，容器の弁が開くとしよう．

(9) 弁がはじめて開く状態を $Ⓑ$ とする．$Ⓐ$ から $Ⓑ$ までの間で，時刻 t での気体の温度 $T(t)$〔K〕は，

$$T(t) = T_0 + \boxed{\quad ア \quad}$$

となる．時刻 t での気体の圧力 $p(t)$〔Pa〕は，$T(t)$ と T_0 を用いると，

$$p(t) = p_0 \times \boxed{\quad イ \quad}$$

となる．$Ⓑ$ のときの時刻を $t = t_1$ とする．気体の圧力 $p(t_1)$ は，p_0 と x を用いると $\boxed{\quad ウ \quad}$ となる．

▶ **解**

(7) 理想気体の状態方程式 $p_0 V = n R T_0$ より $T_0 = \dfrac{p_0 V}{nR}$．

(8) 外部に仕事をしないので，加えられた熱 Q はすべて内部エネルギーの増加に使われる．1 秒当たりの温度上昇を ΔT とすると，$Q = n C_V \Delta T$．したがって，$\Delta T = \dfrac{Q}{n C_V}$．

(9) 上記の t 倍だから，$\underbrace{\dfrac{Q}{n C_V} t}_{ア}$．ボイル・シャルルの法則より，$\dfrac{p_0 V}{T_0} = \dfrac{p(t) V}{T(t)}$．これより，$\underbrace{\dfrac{T(t)}{T_0}}_{イ}$．$Ⓑ$ のとき $T(t_1) = x T_0$ となるので，$p(t_1) = \underline{x\, p_0}_{\,ウ}$．　　　□

問題 2.3.4

次に，弁から出た気体が，物体を押し出す過程を考えよう．図 2.3.4 のように，弁の上には断面積が S〔m²〕の管が接続されており，その内部には上下に動く質量 m〔kg〕のピストンが静止している．ピストンと管の間はなめらかであり，ピストンには摩擦ははたらかないものとする．

弁が開くと，ピストンには，弁から排出された気体による圧力が下部から新たに加わり，上向きに動き始める．そして，ピストンは，管の中を d〔m〕だけ押し上げられて打ち出された．この状態（瞬間）を $Ⓒ$ とする．

管の体積は容器の体積に比べて非常に小さく，また，$Ⓑ$ から $Ⓒ$ までの時間は短く

て，この間に加えられた熱量は無視できるとしよう．そうであれば，Ⓑ–Ⓒの過程では，ピストンに加わる下部からの気体の圧力は，$p(t_1) = \boxed{\quad ウ \quad}$ のまま一定であると考えられる．

(10) ピストンに生じる加速度を上向きに a〔m/s^2〕とし，重力加速度の大きさを g として，ピストンの運動方程式を立てよ．また，Ⓒでのピストンの速さ v_0〔m/s〕は，どう表されるか．

(11) 管から打ち出されたピストンは，鉛直上方に投げ出された重力のみによる運動をする．管の上端から測った最高点の高さ H〔m〕を，a と d と g を用いて表せ．

(12) $p_0 = 1.0 \times 10^5$ Pa，$S = 0.1$ m^2，$m = 1.4 \times 10^3$ kg，$H = 10$ m のとき，d を x を用いて表せ．$d = 100$ m のとき，x はいくらになるか．

▶**解**

(10) 下向きに $mg + p_0 S$，上向きに $x p_0 S$ の力が加わるので，運動方程式は

$$ma = x p_0 S - (mg + p_0 S) = (x - 1) p_0 S - mg$$

これより等加速度運動をするので，$v_0^2 - 0^2 = 2da$．したがって，$v_0 = \sqrt{2da}$．

(11) v_0 で飛び出した後は，$v_0^2 - 0^2 = 2Hg$ より，$H = \dfrac{v_0^2}{2g} = \dfrac{2da}{2g} = \dfrac{a}{g} d$．

(12)

$$
\begin{aligned}
d &= \frac{g}{a} H = \frac{mg}{(x-1) p_0 S - mg} H \\
&= \frac{1.4 \times 10^3 \times 9.8}{(x-1) \times 10^5 \times 0.1 - 1.4 \times 10^3 \times 9.8} \times 10 = \frac{13.7}{x - 2.37}
\end{aligned}
$$

すなわち，この式から，水を吹き上げる空気の圧力の大気圧に対する比 x と，管の長さ d の関係がついた．$d = 100$ m のとき，$x = 2.51$ である．　　　　□

問題 2.3.5

　管からピストンが飛び出すと同時に，管からは気体の一部も飛び出す．管と容器の中が再び大気圧になるまでの時間は短く，この間に温度変化がないとすれば，はじめにあった n〔mol〕の気体のうち，$\boxed{\quad エ \quad}$ ％の気体が飛び出すことになる．

▶**解**　飛び出す直前は $x p_0 (V + Sd) = nRT'$，大気圧になったときは $p_0 (V + Sd) = n'RT'$ が成り立つから，$n' = n/x$．したがって，$n - n' = \dfrac{x-1}{x} n$ なので，$\underset{エ}{\underline{\dfrac{x-1}{x} \times 100}}$ ．$x = 2.5$ とすれば，60％になる．　　　　□

　このように，空気鉄砲モデルで，間欠泉を考えてみたが，これはあくまでも簡略化したモデルである．例えば，問題 2.3.4 で下線を引いた部分（管の体積は容器の体積に比べて非常に小さい）は仮定である．実際には地下の管の長さや大きさによっては，管の体積が無視できず，定圧変化でピストンが押し上げられるとして，押し上げる気体の温度は低下していくことだろう．したがって，問題 2.3.5 の推定も変わってくることになる．

2.4 水飲み鳥は永久機関か

■水飲み鳥の動き　　　　　　　　　　　　　　　　　　　　★☆☆

　水飲み鳥という玩具がある（図 2.4.1）．濡れ
た頭から水が蒸発する作用で胴体にある液体が
上昇し，頭が重くなって前かがみになった鳥は
前方に置いたコップにくちばしをつける．前傾
している間に頭の液体は胴体に戻り，再び起き
上がって元の姿勢になる．こうして水飲み鳥は
体を揺らしながら水を飲むような動作を繰り返
す．簡略化したモデルを用いて水飲み鳥のしく
みについて考えよう．

図 2.4.1　水飲み鳥

問題 2.4.1

　図 2.4.2 のように断面積 S の管でつなが
れた 2 つの容器（上が頭，下が胴体）が鉛直
に置かれている．容器全体は密閉され，頭
に布が巻かれて，胴体には半分くらいまで
液体が入っている．理想気体でみたされた
内部は液体によって 2 つの部分に分けられ
て，頭部（管も含む）と胴体部の気体をそ
れぞれ気体 A，気体 B とする．液体の密度
を ρ（一定），気体定数を R，重力加速度の
大きさを g とする．また，管は熱を伝えず，
液体や容器などの熱膨張や，気体にはたら
く重力などは無視する．

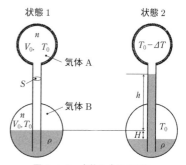

図 2.4.2　水飲み鳥のモデル

　はじめ気体 A と気体 B の圧力は等しく，液体の上面は一定の高さであった（状態 1）．
また，体積と温度，物質量もともに等しく，それぞれ V_0，T_0，n とする．

(1) 状態 1 の気体 A の圧力を求めよ．

　頭部の布を湿らせると気体 A の温度は ┃ ア ┃ 熱によって，$\Delta T\ (\Delta T > 0)$ だけ
下がり，一定になった．管内の液体の上面は h だけ上昇し，胴内の液体の上面は H
だけ下がって止まった（状態 2）．また，気体 B の温度は T_0，気体 A，気体 B の物
質量は n のまま変化しなかった．

● 状態 2 の気体 A の体積は ┃ イ ┃ となることから，気体 A の圧力 p_A は，

$$p_A = \boxed{\quad ウ \quad}$$

- 状態 2 の気体 B の体積は $\boxed{\quad エ \quad}$ となることから，気体 B の圧力 p_B は，

$$p_B = \boxed{\quad オ \quad}$$

となるが，一方で，p_A, p_B の間には，

$$p_A + \boxed{\quad カ \quad} = p_B \qquad (2.4.1)$$

の関係がある．

(2) 次の量について，状態 1 から状態 2 の変化で変化量（正負も考慮する）が小さいものから順に記号を並べよ．

    (a) 気体 A の内部エネルギー

    (b) 気体 B の内部エネルギー

    (c) 液体の重力による位置エネルギー

(3) 式 (2.4.1) に，p_A, p_B の表式を代入して ΔT について解くと，

$$\Delta T = \frac{\rho g(h+H)(V_0 - Sh)}{nR} + \frac{\boxed{\quad キ \quad}}{V_0 + Sh} \qquad (2.4.2)$$

となる．空所キを埋めよ．

(4) 管内の液体が $h = 1.0\,\mathrm{cm}$ 上昇するのに必要な温度差 ΔT のおおよその値を求める．具体的な数値を式 (2.4.2) に代入したとき，値が大きい第 2 項だけを計算し，下のア〜エから最も近い値を選んで記号で答えよ．$S = 0.20\,\mathrm{cm}^2$, $V_0 = 10\,\mathrm{cm}^3$, $T_0 = 300\,\mathrm{K}$ とする．

    ア：$0.1\,\mathrm{K}$，イ：$1\,\mathrm{K}$，ウ：$10\,\mathrm{K}$，エ：$100\,\mathrm{K}$

▶ 解

(1) 圧力を p として，状態方程式を立てると，$pV_0 = nRT_0$．ゆえに，$p = \dfrac{nRT_0}{V_0}$．

ア　気化熱（蒸発熱）．

イ　$V_0 - Sh$

ウ　気体 A について，状態方程式を立てると，$p_A(V_0 - Sh) = nR(T_0 - \Delta T)$．これより，$p_A = \dfrac{nR(T_0 - \Delta T)}{V_0 - Sh}$．

エ　$V_0 + Sh$

オ　気体 B について，状態方程式を立てると，$p_B(V_0 + Sh) = nRT_0$．これより，$p_B = \dfrac{nRT_0}{V_0 + Sh}$．

カ　力のつりあいから，$p_A S + \rho(H+h)Sg = p_B S$．したがって，$\rho(H+h)g$．

(2) 状態 1 から状態 2 の変化で

    (a) 気体 A の温度は減少したことから，内部エネルギーは減少した．

    (b) 気体 B の温度は変わらなかったことから，内部エネルギー変化はゼロ．

    (c) 液体は上昇したので，位置エネルギーは増加した．

したがって，(a) → (b) → (c) の順になる.

(3) 式 (2.4.1) に，p_A, p_B の表式を代入すると，

$$\frac{nR(T_0 - \Delta T)}{V_0 - Sh} + \rho(H + h)g = \frac{nRT_0}{V_0 + Sh}$$

これより，

$$\Delta T = \frac{\rho g(h + H)(V_0 - Sh)}{nR} + \frac{2Sh}{V_0 + Sh}T_0$$

したがって，$2ShT_0$.

(4) $\dfrac{2Sh}{V_0 + Sh}T_0 = \dfrac{2 \times 0.20 \times 1\,[\mathrm{cm}^3]}{10 + 0.20 \times 1\,[\mathrm{cm}^3]} \times 300\,\mathrm{K} = 11.8\,\mathrm{K}$. したがって，ウ.　　□

問題 2.4.2

　問題 2.4.1 から，気体 A, B の物質量が変化しない場合，頭部が冷えても液体は十分に管を上がらないことがわかる. そこで，実際の水飲み鳥では沸点の低い液体とその気体を用い，それらの間で状態変化が生じるようにしている. この場合に状態 1 から状態 2 への変化を考える.

　変化の間に気体 A のうち a $(0 < a < 1)$ の割合が凝縮（液化）した. このとき気体 A の圧力を表す式は変更され，ウで求めた表式を X 倍したものになる.

　(5) a を用いて X を求めよ. 状態変化による液体の体積変化は無視する.

▶解

(5) 気体 A の物質量は，$(1 - a)n$ になったので，状態方程式は，気体 A の圧力を p'_A として，$p'_A(V_0 - Sh) = (1 - a)nR(T_0 - \Delta T)$. したがって，

$$p'_A = (1 - a)\frac{nR(T_0 - \Delta T)}{V_0 - Sh} = (1 - a)p_A$$

したがって，$(1 - a)$ 倍.　　□

　調べると，気体 A には沸点 40℃のジクロロメタンが使われており，水で冷やされて凝縮することにより頭部の圧力が十分に下がって液体が上昇することがわかる. その重さで水飲み鳥は前傾し，水にくちばしをつける動作を行うのである.

問題 2.4.3

　観察を続けていると，水飲み鳥は丸 2 日たってもそのまま動き続けていた. 水飲み鳥は永久機関なのだろうか.

▶解　　なにもエネルギーを供給せずに動き続けるので永久機関と考えてしまいそうだ. 実際に鳥は水を飲んでいるわけではなく，水で頭を冷やす一種の熱機関である. サイクルは次のようになっている.

1. 頭部から水が蒸発し，蒸発熱により頭部の温度が下がる
2. 頭部のジクロロメタン蒸気が凝縮し気圧が下がる

3. 気圧差により胴体から頭部へジクロロメタンが流れ，管内の液面が上昇する
4. 液体が頭部に流れ込むことで重心が上がり，前方へ傾く
5. 傾いて胴体部の空気が管内を頭部へ移動できるようになる
6. 鳥はこの瞬間に頭部を水に浸し，頭部と胴体の気圧が平衡になる
7. 液体が胴体へ戻り，重心が下がって，元の直立状態に戻る

したがって，運動のエネルギー源は，頭部から水が蒸発することであり，周囲の環境が熱源である． □

Coffee Break 5（マクスウェルの悪魔）

悪魔話をもう一つ．

熱力学第2法則は，分子運動が熱平衡に向かうことでエントロピーが増大することを述べている．物理学者マクスウェルは，次のような例え話（思考実験）を考えた．

気体分子の運動状態はさまざまで，分子の速さの2乗を平均したものが温度と理解される．気体をA，B2つの部屋に閉じ込め，間に扉を設ける．扉には個々の分子の速さを見極める「存在」がいて，速い分子が近づいたときにはその分子をAの部屋に，遅い分子はBの部屋に入れることができるとする．扉の開閉は気体の運動状態を変えていないが，AとBの部屋の温度には変化が生じる．これは熱力学第2法則に矛盾する．

マクスウェルは，分子運動は集団として扱うべきだ，という主張の一つでこの話を提起したが，ケルヴィンはこれを「マクスウェルの知的な悪魔」（Maxwell's intelligent demon）と呼んだ．この話は，観測という「情報を取得する」行為が，系全体のエントロピーを増大させるのかどうか，という問題を提起した．

この問題が理論的に解決したのは100年後の1980年代である．情報量の1ビットは，熱力学的に$kT\log 2$のエントロピーと対応する（kはボルツマン定数，Tは温度である）．そして情報取得にはエントロピーが伴い，情報を消去するときにエントロピーが増大する．マクスウェルの悪魔は，次の分子に対する操作をする際に，直前の分子情報を消去しなければならず，系全体のエントロピーは増大していた，というわけだ．最近では，シリコン単電子デバイスを用いて，1ビットの情報を得るためには一定量のエネルギーが必要となることが実験で確かめられている．

単原子分子理想気体の断熱変化：ポアソンの法則

■理想気体の状態方程式　　　　　　　　　　　　　　　　★☆☆

気体は，液体や固体とは異なり，その種類によらず共通に成り立つ普遍的な性質を示す．例えば，圧力を一定に保って温度を 0℃から 100℃まで上げると，すべての気体の体積は約 36.6%増加する．常にこの比率で体積 V が温度 t とともに変化すると仮定し，圧力・体積・温度の間に成り立つ関係を考える．

問題 2.5.1

温度 0℃，圧力 p_0 の気体の体積を V_0 とすると，同じ圧力で温度が 1℃増加するごとに体積は V_0 の ア 倍だけ増加することになる．したがって， ア の値を $\alpha\,[1/℃]$ とおくと，圧力 p_0 における気体の体積 V は，温度 t を用いて次のように与えられる．

$$V_0(1 + \alpha t) \tag{2.5.1}$$

一方，温度が一定のとき，気体の圧力 p と体積 V の間には以下の関係がある．

$$pV = (\text{一定}) \tag{2.5.2}$$

(1) 次の式を導出せよ．

$$pV = p_0 V_0 (1 + \alpha t) \tag{2.5.3}$$

式 (2.5.3) の右辺を $\alpha p_0 V_0 \left(t + \dfrac{1}{\alpha} \right)$ と書き直し，$t + \dfrac{1}{\alpha}$ を絶対温度と呼んで $T\,[\text{K}]$ で表す．また，V_0 は気体の物質量 n に比例するので，$\alpha p_0 V_0$ を nR と書くと，

$$pV = nRT$$

となる．R を気体定数という．式 (2.5.3) の関係をみたす気体を理想気体といい，式 (2.5.3) を理想気体の状態方程式と呼ぶ．理想気体 1 mol の体積は，0℃，1 気圧 $\fallingdotseq 1.01 \times 10^5$ Pa のもとで 22.4 L である．

(2) 気体定数 R の値を求めよ．

(3) 気体が，液体や固体とは異なり，その種類によらない普遍的性質を示す理由を簡潔に述べよ．

実在の気体では温度が イ く，圧力が ウ いほど理想気体に近い振る舞いをする．

▶ **解** $\dfrac{36.6}{100} \times \dfrac{1}{100} = \underline{3.66 \times 10^{-3}}_{\text{ア}}$．この値はおよそ $\dfrac{1}{273}$ である．

(1) 温度 t のとき pV が一定であるが，特に圧力が p_0 であれば体積が $V_0(1 + \alpha t)$ であるから，$pV = p_0 V_0 (1 + \alpha t)$ となる．

(2) $R = \dfrac{\alpha p_0 V_0}{n} = \dfrac{(3.66 \times 10^{-3}) \times (1.01 \times 10^5) \times (22.4 \times 10^{-3})}{1} \fallingdotseq 8.28$ J/(mol·K)

(3) 分子間の平均距離が長く，分子間にはたらく力や分子の大きさが無視できるから.

温度が 高 ィ いと運動エネルギーが大きく，分子間にはたらく引力の位置エネルギーの変化が無視できる. また，圧力が 低 ゥ いと分子間の距離がより大きくなり，分子の大きさを無視できる. □

■ 理想気体の圧力　　　　　　　　　　　　　　　★☆☆

分子は容器の壁で跳ね返るとき壁から力積を受け，壁はこの反作用を分子から受ける. 多数の分子が次々に壁に衝突を繰り返すため，壁はこれらを平均した一定の力積を受け続けると考えられる. これを単位時間，単位面積当たりに換算したものが圧力である.

問題 2.5.2

一辺の長さが L の立方体の容器の中に気体分子 N 個を封入した. 気体分子を，質量 m の質点と見なし，気体の圧力 p を求めてみよう.

図 2.5.1 のように，立方体の 3 つの辺に沿って x, y, z 軸を設定する. 気体分子はなめらかな容器の壁で弾性衝突を繰り返すと考える. 気体は希薄で分子どうしの衝突は無視する. また，重力の影響も無視する. 1 つの分子が $x = L$ にある壁と衝突する前の x 軸方向の速さを v_x とする. 1 回の衝突でこの壁が受ける力積の大きさは ┃ エ ┃ である. また，この分子が単位時間当たり同じ壁に衝突する回数は ┃ オ ┃ であるから，分子 1 個が単位時間にこの壁に与える力積の大きさは，次式で与えられる.

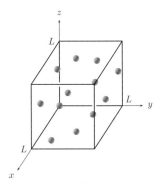

図 2.5.1 容器中の気体分子

$$\frac{mv_x{}^2}{L}$$

上に求めた力積をすべての分子について足し合わせると壁が単位時間に受ける力積が求められ，その値から圧力 p が計算できる. 各分子の $v_x{}^2$ はさまざまな値なので，その平均値を $\langle v_x{}^2 \rangle$ とする. 分子はあらゆる方向に均等に運動すると考えられるので，$\langle v_x{}^2 \rangle$ は速さの 2 乗の平均 $\langle v^2 \rangle$ の $1/3$ に等しい.

(4) 容器内の気体の圧力 p を求めよ.

▶ **解**　分子の運動量変化から $\underline{2mv_x}_{\text{エ}}$. $2L$ 進むごとに 1 回衝突するから $\underline{\dfrac{v_x}{2L}}_{\text{オ}}$.

$$[\text{参考}] \quad \boxed{\text{エ}} \times \boxed{\text{オ}} = \frac{mv_x{}^2}{L}$$

(4) 分子 1 個による単位時間当たりの平均の力積に分子数を掛け，面積で割ればよい.

$$p = N\frac{m\langle v_x{}^2\rangle}{L} \times \frac{1}{L^2} = N\frac{m\langle v^2\rangle}{3L^3} \tag{2.5.4}$$

□

■ ポアソンの法則   ★★★

断熱変化における p と V の関係を求めよう.

問題 2.5.3

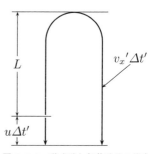

$x = L$ にある壁をゆっくりと x 軸の正の向きに一定の速さ u で動かす. $x = 0$ にある壁は動かさない. 以下, 分子の x 軸方向の運動のみに着目する. 動く壁と速さ v_x で弾性衝突した分子は, その後速さ $v_x - \boxed{}$ で, x 軸の負の向きに動く. この値を $v_x{}'$ とする. 衝突した瞬間 2 つの壁の間の距離が L であったとしよう. 図 2.5.2 を参考に, この分子が次に同じ壁と衝突するまでの時間 $\Delta t'$ を求めると,

図 2.5.2 動く壁と気体分子の衝突

$$\Delta t' = \frac{2L}{v_x{}' - \boxed{}}$$

となり, 2 つの壁の間の距離 L' は $L' = \dfrac{v_x{}' + u}{v_x{}' - \boxed{}} \times L$ に広がっている.

(5) $\varepsilon = \dfrac{u}{v_x}$ が 1 に比べて十分小さく ε^2 を無視できるとして, 次の式を導け.

$$v_x{}'L' = v_xL \tag{2.5.5}$$

▶ **解**　弾性衝突では, 壁に近づく速さと遠ざかる速さが等しいので,

$$v_x - u = v_x{}' + u \quad \Rightarrow \quad v_x{}' = v_x - \underline{2u}_{\text{カ}}$$

図 2.5.2 より, $v_x{}'\Delta t' - u\Delta t' = 2L \quad \Rightarrow \quad \Delta t' = \dfrac{2L}{v_x{}' - \underline{u}_{\text{キ}}}$. したがって,

$$L' = L + u\Delta t' = \left(1 + \frac{2u}{v_x{}' - u}\right)L = \frac{v_x{}' + u}{v_x{}' - u}L$$

(5)

$$v_x{}'L' = (v_x - 2u) \times \frac{v_x - u}{v_x - 3u}L = \frac{(1 - 2\varepsilon)(1 - \varepsilon)}{1 - 3\varepsilon}v_xL = \frac{1 - 3\varepsilon + \varepsilon^2}{1 - 3\varepsilon}v_xL \fallingdotseq v_xL$$

□

問題 2.5.4

式 (2.5.5) は, 衝突によって分子の速さが遅くなる割合と, 衝突の間に L が増加す

る割合が等しく，速さと L とが反比例することを示している．同様に $y = L, z = L$ にあった壁も速さ u でそれぞれの正の向きに動くとすれば，式 (2.5.5) と同様な関係が成り立つ．結局これらのことを総合すると，$\langle v^2 \rangle$ は $\dfrac{1}{L^2}$ に比例することがわかる．

(4) で求めた圧力 p の表式より，気体の体積 $V = L^3$ であることに注意して，

$$pV^{\boxed{\text{ク}}} = (\text{一定}) \qquad\qquad (2.5.6)$$

となることがわかる．ここで $\boxed{\text{ク}}$ は V の指数で，比熱比と呼ばれる．式 (2.5.6) は，単原子分子が断熱変化するときに成り立つポアソンの法則として知られている．二原子分子などでは分子を質点と近似することができず，V の指数は分子の構造に依存した異なる値となる．

▶ 解

(4) より $p = N \dfrac{m \langle v^2 \rangle}{3L^3} \propto \dfrac{1}{L^5} = \dfrac{1}{V^{\frac{5}{3}}} \quad \Rightarrow \quad pV^{\frac{5}{3}\,\text{ク}} = (\text{一定})$ ☐

単原子分子となる元素は周期表で一番右の第 18 族に属するヘリウム，ネオン，アルゴン，クリプトン，キセノン，ラドンの 6 種類である．希ガス元素とも呼ばれるが，2005 年に英語名称が rare gass から noble gas に改められたことにより，日本語のでの正式名称は貴ガスに変更された．表 2.5.1 に単原子分子，二原子分子ならびに三原子分子の室温における比熱比 γ を示した．単原子分子はほぼ $\dfrac{5}{3}$，二原子分子は $\dfrac{7}{5}$ であることが確認できる．

表 2.5.1 気体の比熱比（室温）

He	1.66	H_2	1.41
Ne	1.64	O_2	1.396
Ar	1.667	N_2	1.405
Kr	1.68	CO	1.404
Xe	1.666	CO_2	1.302

2.6 熱機関とエントロピー

■等温変化と断熱変化   ★★☆

シリンダーに閉じ込められた理想気体の状態変化を考える. 気体の物質量 n は一定で, その状態は圧力 P, 体積 V, 温度 T で決まる. 状態方程式が成り立つので, P, V, T のうち2つを指定すれば気体の状態は定まる. ここでは気体の状態変化を P–V グラフで表すことにする. 等圧変化ならば $P =$ (定数) の直線, 定積変化ならば $V =$ (定数) の直線となる. 等温変化や断熱変化のときはどうなるのかをまとめておこう.

● 等温変化：$T =$ (一定)

$$PV = nRT = （定数） \tag{2.6.1}$$

となる.

[参考] **断熱変化：$\Delta Q = 0$**

状態 I (P, V, T) から, 状態 II $(P + \Delta P, V + \Delta V, T + \Delta T)$ へ断熱変化したとき, 両状態での状態方程式

$$PV = nRT, \quad (P + \Delta P)(V + \Delta V) = nR(T + \Delta T)$$

の差をとり, 2次の変化量 $\Delta P \Delta V$ を小さいものとして無視すると,

$$P\Delta V + V\Delta P = nR\Delta T \tag{2.6.2}$$

が成り立つ. また, 体積が膨張することによって外にする仕事は $\Delta W = P\Delta V$, 内部エネルギーの変化は $\Delta U = nC_{\mathrm{V}}\Delta T$ であるから, 熱力学第1法則より,

$$0 = P\Delta V + nC_{\mathrm{V}}\Delta T \tag{2.6.3}$$

となる. 式 (2.6.2), (2.6.3) より,

$$P\Delta V + V\Delta P = nR\left(-\frac{P}{nC_{\mathrm{V}}}\right)\Delta V$$

$$\Rightarrow \quad \left(1 + \frac{R}{C_{\mathrm{V}}}\right)P\Delta V + V\Delta P = 0$$

が成り立つ. ここで, $1 + \dfrac{R}{C_{\mathrm{V}}} = \dfrac{C_{\mathrm{V}} + R}{C_{\mathrm{V}}} = \dfrac{C_{\mathrm{P}}}{C_{\mathrm{V}}} = \gamma$ （比熱比）で, PV で割ると

$$\gamma\frac{\Delta V}{V} + \frac{\Delta P}{P} = 0 \tag{2.6.4}$$

が得られる. これは ΔV, ΔP を微小量としたときに, 変数分離形の微分方程式になっていて ▶第2巻付録 B.1, 積分すると

$$PV^{\gamma} = （定数） \tag{2.6.5}$$

の関係が成立することがわかる. これを断熱変化におけるポアソンの法則という.

問題 2.6.1

シリンダーに閉じ込めた理想気体を, 圧力・体積・温度がそれぞれ (P_A, V_A, T_A) である状態 A から, (P_B, V_B, T_B) である状態 B まで, 次の 2 つの過程で変化させる. 過程 I は, はじめに等温変化で $(P_1, V_A + \Delta V_A, T_A)$ の状態 1 まで変化させ, その後断熱変化で状態 B に至る. 過程 II は, はじめに断熱変化で $(P_2, V_B - \Delta V_B, T_B)$ の状態 2 まで変化させ, その後等温変化で状態 B に至る. ここで, ΔV_A, ΔV_B は, V_A, V_B に比べて微小な体積である.

図 2.6.1 に P–V グラフを示す. 状態 A から状態 1 への変化で気体が外部へした仕事 $\Delta W_{A\to1}$ は曲線下の面積で表され, 2 次の微少量 $(P_A - P_1)\Delta V_A$ を無視して

$$\Delta W_{A\to1} \fallingdotseq P_A \Delta V_A \qquad (2.6.6)$$

と近似できる.

(1) 状態 A から状態 1 への変化で外部から気体に加えられた熱 $\Delta Q_{A\to1}$ を求めよ.

状態 1 から状態 B の断熱変化で, 気体の温度変化を考えよう. この理想気体の比熱比を γ とすると, この変化の間では, $PV^\gamma = (定数)$ の関係が成立する. この関係を温度 T と体積 V の関係で表すと, $\boxed{\quad \text{ア} \quad} = (定数)$ となる.

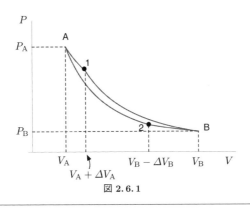

図 2.6.1

▶**解**

(1) 等温変化では内部エネルギーが変化しないので, 熱力学第 1 法則により, $\Delta Q_{A\to1}$ は, 気体が外部へした仕事 $\Delta W_{A\to1}$ に等しく,

$$\Delta Q_{A\to1} = \Delta W_{A\to1} = P_A \Delta V_A \qquad (2.6.7)$$

状態方程式を用いると $P = \dfrac{nRT}{V}$ より, $PV^\gamma = \dfrac{nRT}{V}V^\gamma$ となるので,

$$\underline{TV^{\gamma-1}}_{\text{ア}} = (定数) \qquad \qquad \square$$

問題 2.6.2

次に，状態 A → 2 → B の過程を考えよう．

(2) 状態 2 から状態 B への変化で外部から気体に加えられた熱 $\Delta Q_{2 \to B}$ を求めよ．

(3) 断熱変化における温度と体積の関係式 $\boxed{\quad \text{ア} \quad}$ ＝（定数）を，状態 1 から状態 B および状態 A から状態 2 への断熱変化に適用し，V_A/V_B を，ΔV_A と ΔV_B を用いて表せ．

▶ **解**

(2) (1) と同様に

$$\Delta Q_{2 \to B} = \Delta W_{2 \to B} = P_B \Delta V_B \tag{2.6.8}$$

(3) 状態 1 から状態 B への断熱変化では，$T_A(V_A + \Delta V_A)^{\gamma-1} = T_B V_B{}^{\gamma-1}$，状態 A から状態 2 への断熱変化では，$T_A V_A{}^{\gamma-1} = T_B(V_B - \Delta V_B)^{\gamma-1}$ が成り立つことから，この 2 式の比をとると，

$$\frac{(V_A + \Delta V_A)^{\gamma-1}}{V_A{}^{\gamma-1}} = \frac{V_B{}^{\gamma-1}}{(V_B - \Delta V_B)^{\gamma-1}} \quad \text{より} \quad \frac{V_A + \Delta V_A}{V_A} = \frac{V_B}{V_B - \Delta V_B}$$

すなわち $(V_A + \Delta V_A)(V_B - \Delta V_B) = V_A V_B$

となり，2 次の変化量 $\Delta V_A \Delta V_B$ を無視すれば，

$$-V_A \Delta V_B + V_B \Delta V_A = 0$$

となる．したがって，

$$\frac{V_A}{V_B} = \frac{\Delta V_A}{\Delta V_B} \tag{2.6.9}$$

$\square$

■ **エントロピー**   ★★★

気体に加えた微小な熱量 ΔQ を気体の温度 T で割ったものをエントロピー S の微小変化 ΔS と定義する．状態 a から状態 b に変化したときのエントロピー変化 $S_{a \to b}$ は，番号 i で示される状態 i を次々と経由する微小変化を繰り返すとして

$$S_{a \to b} = \sum_{\text{状態 } a \to \text{状態 } b} \frac{\Delta Q_i}{T_i} \tag{2.6.10}$$

と表される．ここで，温度 T_i の状態 i に加えた熱が ΔQ_i である．

問題 2.6.3

状態 A → 1 → B の過程について，式 (2.6.10) を計算してみると，

$$S_{A \to 1 \to B} = \sum_{\text{状態 } A \to \text{状態 } 1} \frac{\Delta Q_i}{T_i} + \sum_{\text{状態 } 1 \to \text{状態 } B} \frac{\Delta Q_i}{T_i} = \boxed{\quad \text{イ} \quad} \tag{2.6.11}$$

状態 A → 2 → B の過程について，式 (2.6.10) を計算してみると，

$$S_{\text{A}\to 2\to \text{B}} = \sum_{\text{状態 A}\to\text{状態 2}} \frac{\Delta Q_i}{T_i} + \sum_{\text{状態 2}\to\text{状態 B}} \frac{\Delta Q_i}{T_i} = \boxed{\quad \text{ウ} \quad} \qquad (2.6.12)$$

となる. 両者の差は,

$$S_{\text{A}\to 1\to \text{B}} - S_{\text{A}\to 2\to \text{B}} = \boxed{\quad \text{エ} \quad} \qquad (2.6.13)$$

となる.

▶ **解** 断熱変化では加えられた熱はゼロなのでエントロピーは変化しない.

$$S_{\text{A}\to 1\to \text{B}} = \frac{\Delta Q_{\text{A}\to 1}}{T_{\text{A}}} = \frac{P_{\text{A}}\Delta V_{\text{A}}}{T_{\text{A}}} = \underline{nR\frac{\Delta V_{\text{A}}}{V_{\text{A}}}}_{\text{イ}}$$

同様に $\quad S_{\text{A}\to 2\to \text{B}} = \dfrac{\Delta Q_{2\to \text{B}}}{T_{\text{B}}} = \dfrac{P_{\text{B}}\Delta V_{\text{B}}}{T_{\text{B}}} = \underline{nR\dfrac{\Delta V_{\text{B}}}{V_{\text{B}}}}_{\text{ウ}}$

上の 2 式から, (3) の結果を用いて, 次式を得る.

$$S_{\text{A}\to 1\to \text{B}} - S_{\text{A}\to 2\to \text{B}} = nR\left(\frac{\Delta V_{\text{A}}}{V_{\text{A}}} - \frac{\Delta V_{\text{B}}}{V_{\text{B}}}\right) = \underline{0}_{\text{エ}} \qquad \square$$

ここでの考察で分かったことは, 式 (2.6.10) で定義されたエントロピー変化が, 状態変化の経路によらず同じである, ということである. 本問では, 等温変化と断熱変化の場合でしか考えていないが, 一般に, どのような状態変化でも, 式 (2.6.10) の値は同じであること, すなわち, エントロピー S は状態によって定まる量であることがわかっている. 状態 a, b のエントロピーをそれぞれ S_{a}, S_{b} とし, $S_{\text{a}\to\text{b}} = S_{\text{b}} - S_{\text{a}}$ と書く. エントロピーは, 自然に起こる状態変化で減少することはない. このことは, **熱力学第 2 法則**として知られている.

なお, $\Delta S = \dfrac{\Delta Q}{T}$ より

$$\Delta Q = T\Delta S$$

となるので, 状態変化を T–S グラフで表すと, 曲線下の面積が気体に加えた熱を表す.

スターリングエンジンのモデルと熱効率

■スターリングエンジン　　　　　　　　　　　　　　　　　★★☆

シリンダー内に封入した気体を外部から加熱・冷却し，その体積変化から仕事を取り出す熱機関をスターリングエンジンという．理論的にはカルノーサイクルと同じ熱効率をもつ．

問題 2.7.1

図 2.7.1 のように，両端が開いた筒状の容器の中央に蓄熱器を固定し，気密を保ったままなめらかに動く 2 個のピストンを用いて理想気体を封入した．容器の側面は断熱壁で覆われている．一方，ピストンは熱伝導性が高く，右のピストンは絶対温度 T_H の高温熱源と接し，左のピストンは絶対温度 T_L の低温熱源と接している．

容器中央の蓄熱器はスポンジのような多孔質の物質で，気体が高温（右）側から低温（左）側へ通過するときには熱を奪い，気体の温度を T_H から T_L へ下げる．逆に低温（左）側から高温（右）側へ通過するときには熱を戻して，気体の温度を T_L から T_H へ上げる．ただし，蓄熱器の表面（図 2.7.1 で 2 個のピストンに向かい合う 2 つの面）では，気体との間で熱のやり取りはしない．

図 2.7.1　2 つのピストンで仕切られた容器の中の理想気体

この装置を用いて，図 2.7.2 に示した状態 A から状態 B, C, D を経由して状態 A に戻るサイクルを考える．以下では，気体の温度は蓄熱器の右では常に T_H，左側では常に T_L に保たれるとする．また，蓄熱機内の空間の容積は無視する．

気体はすべて高温側にあり，圧力 p_0，体積 V_0 であった．この状態を A とする．この気体の物質量は，気体定数を R として　ア　である．この状態から 2 つのピストンを操作し，圧力を一定に保ったまま気体を低温側へ移す．この状態を B とする．このとき気体の体積は　イ　で，この過程で気体にされた仕事 $W_{A \to B}$ は　ウ　である．

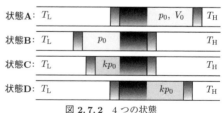

図 2.7.2　4 つの状態

　次に，右のピストンを動かないようにロックし，左のピストンをゆっくり押し込んで圧力を k 倍（$k > 1$）にした．この状態を C とする．このとき気体の体積は エ である．ここで右のピストンのロックを外し，圧力を一定に保ったまま気体を高温側に移す．この状態を D とする．このときの気体の体積は オ となり，この過程で気体がした仕事 $W_{C \to D}$ は，$W_{A \to B}$ と等しいことがわかる．

　最後に気体を膨張させて状態 A に戻る．

(1) このサイクルの状態変化を示す p–V グラフを図 2.7.3 に描け．

(2) 状態 A から状態 B への変化で気体が蓄熱器に与えた熱量と，状態 C から状態 D への変化で蓄熱器から気体へ戻された熱量が等しいことを示せ．

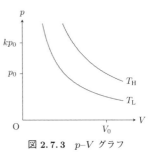

図 2.7.3　p–V グラフ

▶ 解　　$p_0 V_0 = nRT_H$ より $n = \dfrac{p_0 V_0}{RT_H}$ ア．状態 B, C, D での気体の体積をそれぞれ V_B,

V_C, V_D とする．$\dfrac{p_0 V_0}{T_H} = \dfrac{p_0 V_B}{T_L}$ より $V_B = \dfrac{T_L}{T_H} V_0$ イ．

　定圧変化であるから $W_{A \to B} = p_0(V_0 - V_B) = p_0 V_0 \left(1 - \dfrac{T_L}{T_H}\right)$ ウ．

　$p_0 V_B = k p_0 V_C$ より $V_C = \dfrac{1}{k} \dfrac{T_L}{T_H} V_0$ エ．$\dfrac{k p_0 V_C}{T_L} = \dfrac{k p_0 V_D}{T_H}$ より $V_D = \dfrac{1}{k} V_0$ オ．

　この結果により，$W_{C \to D} = k p_0 (V_D - V_C) = p_0 V_0 \left(1 - \dfrac{T_L}{T_H}\right) = W_{A \to B}$ となる．

(1) このサイクルの状態変化を示す p–V グラフは図 2.7.4 の通り．

(2) 状態 A から状態 B への変化と状態 C から状態 D への変化はどちらも定圧変化で，温度変化も同じ $T_H - T_L$ であるから蓄熱器とやり取りする熱量は等しい．　　　□

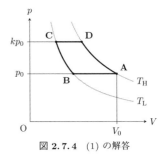

図 2.7.4　(1) の解答

■ スターリングエンジンの熱効率　　　★★☆

　1 サイクルにおける気体と蓄熱器との間の熱のやり取りは相殺して 0 となる．そのため，この熱機関は高温熱源から熱 Q_H を受け取り，低温熱源へ熱 Q_L を捨て，その差を仕事として外部に取り出す装置と見なすことができる．熱効率 η_S は以下の式で定義される．

$$\eta_S = \frac{Q_H - Q_L}{Q_H} = 1 - \frac{Q_L}{Q_H}$$

［参考］図 2.7.4 で状態 D から状態 A へ等温膨張するときに気体に取り込まれる熱が Q_H である．等温変化では理想気体の内部エネルギーは変化せず，熱力学第 1 法則により，気体が外部から吸収した熱量は膨張によって外部にした仕事と等しい．この等温膨張のときに成り立つ状態方程式は

$$pV = nRT_H = p_0V_0$$

であるから，

$$Q_H = \int_{V_D}^{V_0} p\, dV = \int_{V_D}^{V_0} \frac{p_0V_0}{V}\, dV = p_0V_0 \log\left(\frac{V_0}{V_D}\right) = p_0V_0 \log k \qquad (2.7.1)$$

となる．一方，Q_L は状態 B から状態 C へ等温圧縮されるときに気体から放出される熱で，このとき気体が外部からされた仕事として計算できる．この等温圧縮のときに成り立つ状態方程式は，

$$pV = nRT_L = p_0V_0\frac{T_L}{T_H}$$

であるから，

$$Q_L = -\int_{V_B}^{V_C} p\, dV = \int_{V_C}^{V_B} \frac{T_L}{T_H}\frac{p_0V_0}{V}\, dV = \frac{T_L}{T_H}p_0V_0 \log\left(\frac{V_B}{V_C}\right) = \frac{T_L}{T_H}p_0V_0 \log k$$

$$(2.7.2)$$

となる．式 (2.7.1), (2.7.2) より $\dfrac{Q_L}{Q_H} = \dfrac{T_L}{T_H}$ となり，熱効率 η_S は次のようになる．

$$\eta_S = 1 - \frac{Q_L}{Q_H} = 1 - \frac{T_L}{T_H} \qquad (2.7.3)$$

■熱効率と熱能率   ★★☆

ところで実用上は，熱効率を高くすることよりも，単位時間当たりに取り出される仕事量 w を大きくすることが重要である．ここではこの w を「熱能率」と呼ぶことにする．この熱機関を連続運転している状況を想定し，平均して単位時間当たり q_H の熱が連続的に流入し，q_L の熱が連続的に流出していると考えよう．このとき，熱効率 η と熱能率 w は

$$\eta = 1 - \frac{q_L}{q_H}, \quad w = q_H - q_L \qquad (2.7.4)$$

となるので，q_H を大きく，q_L を小さくすればよい．しかし状態 A から出発して同じ状態に戻るため，q_H に応じて q_L が決まり，q_H と q_L を自由に変えることはできない．

問題 2.7.2

一般に，単位時間当たりの熱の移動量 q は温度差 ΔT に比例し，

$$q = \frac{\Delta T}{r} \qquad (2.7.5)$$

と表される．r は熱抵抗と呼ばれ，温度差がある部分の材質や形状で決まる．そのため現実の熱機関では高温側の気体の温度を熱源より下げ，q_H を大きくする工夫がなされている．しかし，q_H により q_L が決まってしまうので，q_H が大きい方が能率 w が

大きいとは限らない. そこで, w を最大にする q_H を求めてみよう.

　気体の高温側と低温側の外部の熱源との間の熱抵抗が, それぞれ r_H と r_L であるとする. また, 気体の温度は高温側では熱源より低い $T_H - \Delta T_H$, 低温側では熱源より高い $T_L + \Delta T_L$ とする. このとき, 式 (2.7.5) より

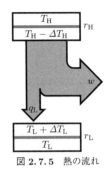

$$q_H = \frac{\Delta T_H}{r_H}, \quad q_L = \frac{\Delta T_L}{r_L} \qquad (2.7.6)$$

となる. また, 式 (2.7.1), (2.7.2) より導かれた熱の流れと温度の関係は

$$\frac{q_L}{q_H} = \frac{T_L + \Delta T_L}{T_H - \Delta T_H} \qquad (2.7.7)$$

図 2.7.5　熱の流れ

と書き換えられる.

(3) q_H を用いて q_L を表せ.

　$r = r_H + r_L$ とおけば, 以下の式が得られる.

$$\eta = 1 - \frac{T_L}{T_H - rq_H}, \quad w = \frac{1}{r}\left\{ T_H + T_L - \left(T_H - rq_H + \frac{T_H T_L}{T_H - rq_H} \right) \right\}$$

これをグラフで表すと以下のようになる. 熱効率が最大のときには $q_H = q_L = 0$ で, 熱能率は 0 である.

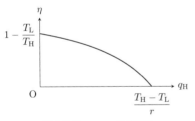

図 2.7.6　η–q_H のグラフ

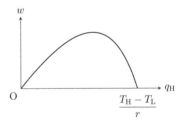

図 2.7.7　w–q_H のグラフ

(4) 熱能率 w の最大値を求めよ.

(5) 熱能率 w が最大となるときの熱効率 η を求めよ.

▶解

(3) 式 (2.7.7) の分母を払って式 (2.7.6) を用いると,

$$q_L (T_H - r_H q_H) = q_H (T_L + r_L q_L) \quad \Rightarrow \quad \underline{q_L = \frac{T_L q_H}{T_H - (r_H + r_L) q_H}}$$

この結果を式 (2.7.4) に代入して $r = r_H + r_L$ とおけば

$$\eta = 1 - \frac{q_L}{q_H} = 1 - \frac{T_L}{T_H - (r_H + r_L) q_H} = 1 - \frac{T_L}{T_H - r q_H}$$

$$w = q_H - q_L = q_H - \frac{T_L q_H}{T_H - r q_H} = q_H - \left\{ \frac{T_H T_L}{r(T_H - r q_H)} - \frac{T_L}{r} \right\}$$

$$= \frac{1}{r} \left\{ T_H + T_L - \underline{\underline{\left(T_H - r q_H + \frac{T_H T_L}{T_H - r q_H} \right)}} \right\}$$

が得られる.

(4) (3) で求めた w で二重下線を引いたところが最小になればよい. 相加平均・相乗平均の関係を使えば,

$$(T_H - r q_H) + \frac{T_H T_L}{T_H - r q_H} \geqq 2\sqrt{(T_H - r q_H)\left(\frac{T_H T_L}{T_H - r q_H} \right)} = 2\sqrt{T_H T_L}$$

が成り立つことがわかる. ゆえに

$$w \leqq \frac{1}{r} \left\{ T_H + T_H - 2\sqrt{T_H T_L} \right\} = \underline{\frac{1}{r} \left(\sqrt{T_H} - \sqrt{T_L} \right)^2}$$

となる. w が最大となるのは等号が成り立つときで, このときの q_H が以下のように求められる.

$$T_H - r q_H = \frac{T_H T_L}{T_H - r q_H} \;\Rightarrow\; T_H - r q_H = \sqrt{T_H T_L}$$

$$\Rightarrow\; q_H = \frac{1}{r} \left(T_H - \sqrt{T_H T_L} \right)$$

(5) 熱能率が最大のとき, 上の 2 つ目の関係式を用いて

$$\eta = 1 - \frac{T_L}{T_H - r q_H} = \underline{1 - \sqrt{\frac{T_L}{T_H}}}$$

この値は熱抵抗とは無関係で, 普遍的な関係式であると考えられている.   □

第 3 章

波動を中心とした問題

ホイヘンス

3.0 波動分野のエッセンス

　振動が伝わる現象を波あるいは波動という．水の波の伝播，音の伝播，光の伝播，いずれにも共通にみられる波の性質からみていこう．

1. 波のもつ性質と波の式

■ 波を表す物理と量　　　　　　　　　　　　　　　　　　　　　　　　★☆☆

　波形の山から山（谷から谷）までの1つの振動の長さを波長 λ [m]，振動のふれ幅の半分を振幅 A [m] という．ある位置で波が通過していくのを観察するとき，振動が一往復する時間を周期 T [s] とし，1秒間に何回振動するのかを振動数（周波数）f [Hz]（ヘルツ）という（図 3.0.1）．

$$f = \frac{1}{T} \qquad \text{[Hz]} = 1/\text{[s]} \tag{3.0.1}$$

である．波の速さ v [m/s] は次式で定義される．

$$v = \frac{\lambda}{T} \qquad \text{[m/s]} = \text{[m]}/\text{[s]} \tag{3.0.2}$$

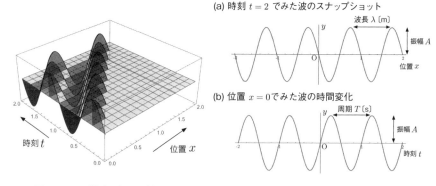

(a) 時刻 $t = 2$ でみた波のスナップショット

(b) 位置 $x = 0$ でみた波の時間変化

　図 **3.0.1**　正弦波の伝わる様子．ある時刻で写真を撮っても，ある位置での時間変化を観測しても，周期的な変動になる．〔左〕位置 $x = 0$ で単振動している波源から，x 軸の正の向きに正弦波が伝わる様子．〔右〕(a) x 方向に進む振幅 A，波長 $\lambda = 1$ m の波を時刻 $t = 2$ s でみた図．(b) この波を位置 $x = 0$ で観測したもの．周期 $T = 1$ s であることがわかるので，この波の速さ v は，$v = \lambda/T = 1$ m/s である．

　法則 3.1（正弦波の式）

　原点での正弦波振動が，位置 x，時刻 t でどのように表されるかをまとめる．

　・ $x = 0$ の原点で，振幅 A，周期 T で振動している正弦波の変位 y は，時刻 t では，

$$y(x = 0, t) = A \sin \underbrace{\left(2\pi \frac{t}{T} + \alpha \right)}_{\text{位相}} \qquad (3.0.3)$$

- 波の伝わる速さを v とすると, 原点での波の変位が, 位置 x のところに伝わるまでには, 時間が x/v だけ必要である. したがって, 位置 x での波の変位は,

$$y(x, t) = A \sin \left(2\pi \frac{t - x/v}{T} + \alpha \right)$$
$$= A \sin \left(2\pi \left(\frac{t}{T} - \frac{x}{\lambda} \right) + \alpha \right) \qquad (3.0.4)$$

■ 反射, 屈折, 回折 ★☆☆

波の伝播する様子は, 波面の各点から球面波（素元波）が放出され, それらが重ね合って, 素元波の包絡面が新たな波面を作る, と考えることができる（ホイヘンスの原理）.

一般に異なる媒質中では, 波の伝わる速さも異なる. 異なる媒質中へ波が進むとき, その境界面で波の一部は反射し一部は屈折して進む. また, 波は障壁の裏側にも回り込んで伝わる. この現象を回折という. これらの現象はホイヘンスの原理で説明することができる.

法則 3.2（反射の法則, 屈折の法則）

- 反射の法則：入射角 θ_0 と反射角 θ_0 は等しい（図 3.0.2）.
- 屈折の法則：媒質 0（絶対屈折率 n_0）での波の速さを v_0, 波長を λ_0, 媒質 1（絶対屈折率 n_1）での波の速さを v_1, 波長を λ_1 とすると,

$$\frac{\sin \theta_0}{\sin \theta_1} = \frac{v_0}{v_1} = \frac{\lambda_0}{\lambda_1} = \frac{n_1}{n_0} = n_{01} \qquad (3.0.5)$$

が成り立つ. n_{01} は媒質 0 に対する媒質 1 の相対屈折率と呼ばれる.

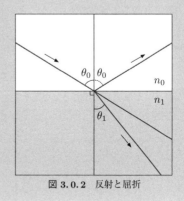

図 **3.0.2** 反射と屈折

式 (3.0.5) は

$$n_0 \sin \theta_0 = n_1 \sin \theta_1$$

と書き直すと, $n \sin \theta$ を保存量（屈折の前後で変化しない量）と見なすことができ, 次々に屈折率が異なる媒質中を通過する波の進行方向を考えるときなどに便利である.

■重ね合わせと干渉   ★☆☆

2つ以上の波が重なるときの変位は，元の波の変位を足し合わせた値になる．すなわち，$y_1(x, t)$ と $y_2(x, t)$ の合成波の変位は，$y_1(x, t) + y_2(x, t)$ である．複数の波が，互いに強め合ったり弱め合ったりする現象を干渉という（図 3.0.3）．

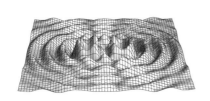

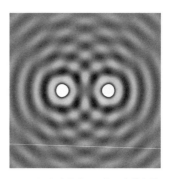

(a) 斜め上から見た図   (b) 下から光を当てて上から見た図

図 3.0.3   2つの波の干渉の様子．2つの波源から同じタイミングで波を発生させたシミュレーション結果．どちらも波が干渉し合って，強め合うところとほとんど振動しないところが存在する．

法則 3.3（干渉条件）

2つの波源 A と B から，同じ位相の波が出されるとする（図 3.0.4）．ある場所 P での干渉条件は，波長を λ，n を整数（$n = 0, 1, 2, \ldots$）として，次式になる．

$$|PA - PB| = \begin{cases} n\lambda & \text{強め合う} \\ \left(n + \dfrac{1}{2}\right)\lambda & \text{弱め合う} \end{cases} \tag{3.0.6}$$

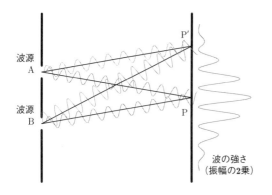

図 3.0.4   干渉条件．強め合うか弱め合うかは波源からの距離の差で決まる．A と B の波源を通過して P に着いた波は山と山（谷と谷）の合成なので強め合う．P′ では 2つの波が山と谷となるので弱め合う．右側のグラフは波の強度（振幅の 2 乗）を示す．

2. 音 波, 光 波

■音の三要素 ★☆☆

音には大きさ・高低・音色の3つの要素がある. 音の大きさは音波の振幅で, 音色は波形で, 音の高低は振動数で決まる. 物体を振動させるとさまざまな振動モードが発生するが, **基本振動**と呼ばれるモードが長く残る. 弦楽器や管楽器の基本振動については, 問題3.1.1, 3.1.2 ▶3.1 節 で扱う.

■光の波 ★☆☆

光は電磁波である. 人間の目に感じられる光を可視光という. 光の色は振動数で決まる (あるいは波長で決まる). 可視光領域を超えたもののうち, 赤色より波長が長いものを赤外線, 紫色より波長が短いものを紫外線という. さらに波長が長くなったり, 短くなったりすると, 他のさまざまな名称で呼ばれる.

■ドップラー効果 ★☆☆

波源や観測者が移動することによって, 本来伝わる波の振動数が大きくなったり, 小さくなったりして観測される現象のことを**ドップラー効果**という (図 3.0.5).

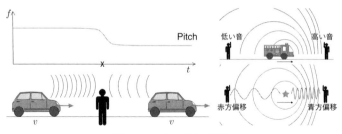

図 3.0.5 ドップラー効果

法則 3.4 (ドップラー効果)

音の速さを V [m/s], 音源と観測者は一直線上を互いの方向へ近づいていて, 音源の移動する速さを V_S [m/s], 観測者の移動する速さを V_O [m/s] とする. 音源の音の振動数 f_0 [Hz], 観測者の受け取る音の振動数 f [Hz] の間には,

$$f = \frac{V + V_O}{V - V_S} f_0 \tag{3.0.7}$$

が成り立つ. 音源と観測者が互いに離れるときには V_O と V_S の前の符号 (+, −) をどちらも逆にする.

公式 (3.0.7) の導出は, 問題 3.6.1 ▶3.6 節 で取り扱う. また, 音と同様に光にもドップラー効果がみられる. 光のドップラー効果は第7章の相対性理論 ▶第3巻7.8 節 でも扱う.

管楽器と弦楽器に起こる固有振動

　音は空気分子の疎密が周囲へと伝えられる縦波の波動である．波動の振幅の大きいところを腹，小さいところを節と呼ぶ．音には，大きさ・高低・音色の 3 つの要素がある．物理用語に置き換えると，音の大きさは振幅であり，音の高低は振動数（周波数）である．音色を決めるのは波形である．楽器や個人の声の違いは波形の違いである．

　振動数が倍になると，1 オクターブ上がる．これを 12 分割し（半音 12 個），そのうち 7 つを取り出すのが西洋の音階だ．半音の間隔は振動数比で，$\sqrt[12]{2} = 1.0595$ 倍になる ▶コラム 4 ．

■ 管楽器　　　　　　　　　　　　　　　　　　　　　　　　　　　　　★☆☆

　楽器には，フルートやトランペットなどの管楽器，ギターやバイオリンなどの弦楽器，ティンパニーや木琴などの打楽器がある．いずれも管や弦の長さあるいは楽器そのものの大きさを変えて，異なる音が出るようになっている．まずは，簡単なパイプ管に生じる基本振動について考えてみよう．

問題 3.1.1

　管楽器のモデルとして，両端がふさがれていない長さ ℓ_0 の管を考えよう．管の近くでスピーカーから音を出し，管の中にマイクを入れて音の大きさを調べる．この状態で音の高さを徐々に変化させると，ある特定の高さのときに，音が大きくなった．この現象は　ア　と呼ばれ，管内に生じる定在波（定常波）の波長と外から加えた音波の波長が一致したことによって起きる．

　この管に生じる定在波の波長を考えよう．管の口のやや外側に音波の腹ができることが知られていて，その長さは管の半径 r の 0.6 倍程度である（開口端補正と呼ばれる）．

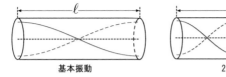

基本振動　　　　　　　　　　　2倍振動

図 3.1.1　両側が開口端の管に生じる固有振動

　図 3.1.1 に示すように，両端があいている管の場合，$\ell = \ell_0 + 2 \times 0.6r$ とすると，基本振動となる波長は，$\lambda_1 = 2\ell$ のもの，次に 2 倍振動となる波長は，$\lambda_2 = \ell$ のものである．その次に生じる波長は $\lambda_3 =$　イ　である．これらの波長に対応する振動数を固有振動数という．いま，$\ell_0 = 0.91\,\mathrm{m}$，直径 $0.08\,\mathrm{m}$ の管を用いて計測した結

果，固有振動数は 170 Hz，354 Hz，527 Hz となり，ほぼ 1:2:3 の整数比となった．
 (1) 管の片方をふさいだ場合，管内に生じる固有振動の変位はどのようになるか．基
　　本振動を含めた 3 種類を図 3.1.1 にならって図示せよ．
 (2) (1) の場合，固有振動数の比はどうなるか．振動数の低い 3 つのものについて答
　　えよ．
　　時報は 440 Hz の「ラ」の音を短く 3 つの後に，880 Hz の倍音を長く伸ばす．音速
V [m/s] を 340 m/s とすると，両者の波長は　ウ　m と，　エ　m である．
1 オクターブ高い基本振動を同じ太さの管を使って実現するとき，片方をふさいだ管
（長さ L，半径 R）の場合には，管の長さを　オ　にする必要がある．

フルートは，両端が開口端の楽器であり，リコーダーやクラリネットは，片方がふさが
れた管に相当する．

▶解

ア　共鳴（共振）

イ　$\dfrac{2}{3}\ell$

(1) ふさがれた面は節になることを考えると，生じる
　　波は図 3.1.2 のようになる．

(2) 1:3:5

　　(1) より，$\ell' = \ell_0 + 0.6r$ とすれば，$\lambda_1 = 4\ell'$，
　　$\lambda_2 = \dfrac{4}{3}\ell'$，$\lambda_3 = \dfrac{4}{5}\ell'$ となる．音速を V とする
　　と，$f_1 = \dfrac{V}{\lambda_1}$，$f_2 = \dfrac{V}{\lambda_2}$，$f_3 = \dfrac{V}{\lambda_3}$．したがって振
　　動数の比は，1:3:5 と奇数比になる．
　　$\Big($一般論：$m = 1, 2, 3, \ldots$ とすると，$\lambda_m = \dfrac{4\ell'}{2m-1}$
　　となり，$f_m = \dfrac{V}{\lambda_m} = \dfrac{2m-1}{4\ell'}V$ となる．$\Big)$

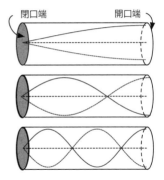

閉口端　　　　　　開口端

図 3.1.2　片方のみ開口端の管に生
　　　　　じる固有振動

ウ　340 m/s = 440 Hz × λ より，$\lambda = 0.773$ m

エ　340 m/s = 880 Hz × λ より，$\lambda = 0.386$ m

オ　基本振動の波長が，元の半分になればよい．したがって，求める管の長さを L' とする
　　と，$\dfrac{1}{2}(L + 0.6R) = L' + 0.6R$ より，$L' = 0.5L - 0.6R$ となる．

　　両端があいている管の場合では，$\dfrac{1}{2}(L + 2 \times 0.6R) = L' + 2 \times 0.6R$ より，
　　$L' = 0.5L - 1.2R$ となる．　　　　　　　　　　　　　　　　　　　　　□

リコーダーなどは，管に指で押さえる
孔があり，管内の実質的な長さを変える
ことで，異なる音を出すしくみになって
いる．図 3.1.3 のように，管の断面積を
S_0，開口端での腹から長さ D のところ
に面積 S_1 の孔（側孔）を開け，指でふさ
ぐ部分までの側孔端と管の中央からの長

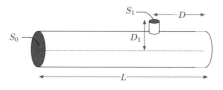

図 3.1.3　孔を開けることによって管内の実質的な
長さの減少分が計算される.

さを D_1 とすると，側孔を開けたことによる管内の実質的な長さの減少分 ΔL は，

$$\Delta L = \frac{S_1 D^2}{S_1 D + S_0 D_1}$$

になる [*1)]．いま，長さ 30 cm のリコーダーで全部の孔を押さえたときより 1 オクターブ上
の音を出そうとするとき，$\Delta L = 15$ cm とすればよいことになるが，$D_1 = 1$ cm, $S_1 = S_0/2$
とすれば，$D = 16.8$ cm となる．$D_1 = 1$ cm, $S_1 = S_0/3$ では，$D = 17.6$ cm となる．

■弦楽器 ★☆☆

ギターやバイオリンなどの弦
楽器のモデルとして，両端を固
定した弦に生じる固有振動を考
えよう．弦を弾いた位置が振動
の腹になると考えると，弾く位
置によって固有振動が図 3.1.4
のように生じると考えられる．

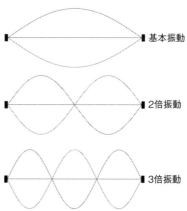

基本振動

2倍振動

3倍振動

図 3.1.4　両端を固定した弦に生じる固有振動

問題 3.1.2

両端が固定されている長さ L の弦を考えよう．この弦に生じる固有振動の波長は，
波長の長い順に 1 番目が $\lambda_1 = 2L$，2 番目が $\lambda_2 = L$ となる．これより，m 番目の固
有振動数 f_m は，弦を伝わる波の速さを v とすると，　カ　となる．

---

*1) N. H. フレッチャー，T. D. ロッシング著，岸憲史ほか訳『楽器の物理学』（シュプリンガー・フェア
ラーク東京，2002）p.464.

一方 v は，弦の張力 T と弦の線密度（単位長さ当たりの質量）ρ を用いて $v = \sqrt{\dfrac{T}{\rho}}$ であることが知られている．つまり，この弦で生じる音を高くするためには，張力を大きくするか，同じ材質の弦で キ {太い・細い} ものに取り替えればよいことになる．

(3) 1本の弦を短くして，元の固有振動数の2倍の固有振動数（1オクターブ差）で音を生じさせるためには，長さをどれだけにすればよいか．

(4) 同じ長さ・同じ太さの弦を2本用意した．同じ長さで固定して，1オクターブ上の音を生じさせるためには，高い音を出す弦の張力は他方の何倍にすればよいか．

(5) ギターの第1弦（高音）と第6弦（低音）では，音域が2オクターブ違うように設定する．材質が同じ弦で太さが5倍（断面積が25倍）違うものを第1弦と第6弦に使うとき，張力はどれだけの比にすればよいか．

▶ 解

カ　$m\dfrac{v}{2L}\left(m\text{ 番目の振動の波長は } \lambda_m = \dfrac{2L}{m},\ v = f_m \lambda_m \text{ より}\right)$.

キ　細い

(3) 長さ L の弦の $m = 1$ の固有振動数は，音速を V とすると，$f_1 = \dfrac{V}{\lambda_1} = \dfrac{V}{2L}$. 長さが L' の弦では，$f_1' = \dfrac{V}{2L'}$ となるので，$f_1' = 2f_1$ となるためには，$L' = \dfrac{L}{2}$ となればよい．つまり，半分の長さにする．

(4) 1オクターブは振動数にして2倍．$f_m = \dfrac{v}{\lambda_m} = \dfrac{m}{2L}\sqrt{\dfrac{T}{\rho}}$ となるので，4倍．

(5) 線密度 ρ_1 と $\rho_2 = 25\rho_1$ の弦を用意したことになる．線密度が大きい方が低い振動数の音になる．$m = 1$ の振動数を比較すると，$f_1 = \dfrac{1}{2L}\sqrt{\dfrac{T_1}{\rho_1}}$ である弦に対して，$f_2 = \dfrac{1}{2L}\sqrt{\dfrac{T_2}{\rho_2}}$ の弦になる．2オクターブは振動数にして4倍異なるので，$f_1 = 4f_2$ であることから，$\dfrac{f_1}{f_2} = 4 = \dfrac{\sqrt{T_1/\rho_1}}{\sqrt{T_2/25\rho_1}}$ となり，$T_1 = 0.64T_2$ を得る．　　□

■ うなり　　　　　　　　　　　　　　　　　　　　　★☆☆

問題 3.1.3

オーケストラは演奏する前に，チューニングと呼ばれる音合わせをする．同じ音を演奏しても楽器どうしでわずかに違っていれば，不協和音となってしまうからだ．管の長さ調整が難しいオーボエを基準として，それぞれの楽器が音を調整してゆく．

いま，f_0〔Hz〕を基準とするチューニングを実施したとき，わずかに異なる音

$f_0 + \Delta f$〔Hz〕が重なったとする．音の波形が単純な三角関数で振幅も同じ $y_0 = A\sin(2\pi f_0 t)$ と $y_1 = A\sin\{2\pi(f_0 + \Delta f)t\}$ であるとすると，合成された音は，三角関数の和の公式

$$\sin\alpha + \sin\beta = 2\sin\frac{\alpha+\beta}{2}\cos\frac{\alpha-\beta}{2}$$

を用いると

$$y_0 + y_1 = 2A\sin\left\{2\pi\left(f_0 + \frac{\Delta f}{2}\right)t\right\} \times \cos\left(\boxed{\quad \text{ク} \quad}\right) \tag{3.1.1}$$

となり，振動数が f_0 に近い音の振幅が $\boxed{\ \text{ケ}\ }$〔Hz〕で変動する音（うなり）になる．440 Hz のチューニングをするときに，1秒間に2回のうなりが聞こえたとすると，合わせようとした楽器の音は $\boxed{\ \text{コ}\ }$ Hz の音を出していたことになる．

▶解

ク

$$y_0 + y_1$$
$$= 2A\sin\left\{2\pi\left(f_0 + \frac{\Delta f}{2}\right)t\right\}$$
$$\times \cos(\underline{\pi\Delta f\, t})$$

ケ　Δf

コ　$\Delta f = 2\,\text{Hz}$ であれば，$f_1 = 440 \pm 2\,\text{Hz}$.

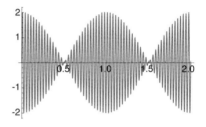

図 **3.1.5**　30 Hz と 31 Hz の音を足し合わせた例

コラム 4（★★☆半音と全音：純正律と平均律）

　図 3.1.6 にピアノの鍵盤でハ長調の 1 オクターブを示した．オクターブは 8 度音程とも呼ばれ，「ド」から数えて白鍵で 7 番目が振動数 2 倍の「ド」である．人間には振動数が 2 倍の音は「同じ音」と認識される．1 オクターブの間に異なる振動数の音を入れ，音階（ドレミファ···）を作る．各音の隔たりを示す「度」は，同じ音を 1 度と数えるので，7 番目が 8 度となる．ちなみにオクトは 8 を意味する．

　黒鍵をはさんで隣り合う 2 つの白鍵の音の高さの差を**全音**，黒鍵をはさまないときには**半音**という．半音の倍が全音で，1 オクターブは半音で 12 音分に相当する．

　1 オクターブをどのように分割して音階を作るかに関しては長い歴史がある．その起源を遡ると，紀元前 6 世紀のピタゴラスにたどり着く．振動数が簡単な整数比となる 2 つの音が重なると，心地よいハーモニーが生まれることを発見したピタゴラスは，基準の音から振動数を 3/2 倍となる音を次々に加えて音階を作った．ただし，振動数が 2 倍を超えるときは，半分にして 1 オクターブ下げる．こうして 1 オクターブを 12 に分割する方法に行き着いた．だが

$$\left(\frac{3}{2}\right)^{12} \times \frac{1}{2^6} = 2.0272\cdots \tag{3.1.2}$$

となるので，1 オクターブ上で振動数が 2 倍からずれてしまう．

　これを修正した純正律を図 3.1.6 に示した．3/2 倍と 5/4 倍の組み合わせを用いている．ここでは，半音は 16/15 倍であるが，全音には 9/8 倍（大全音）と 10/9 倍（小全音）がある．純正律では振動数の比がドミソの和音で 4:5:6，ドファラの和音で 3:4:5 となり，美しいハーモニーをなす．しかし，1 音ずらすとこの比が崩れ，不協和音となってしまう．そのため，転調ができない．

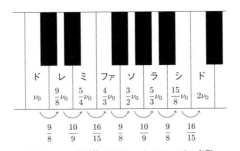

図 3.1.6　純正律による 1 オクターブの音階

　そこで，1 オクターブを等比数列のように分割した**平均律**が考案された．半音は $\sqrt[12]{2}$ 倍，全音はこの 2 乗で，どの音から始めても相対的な振動数の比は変わらないので，自由に転調できる．ただし，和音の振動数の比は簡単な整数比からは外れてしまう．ドミソの和音は

$$1 : \left(\sqrt[12]{2}\right)^4 : \left(\sqrt[12]{2}\right)^7 = 3.97 : 5 : 5.95$$

となって簡単な整数比ではないが，聞きにくくなることはない．

3.2 波の屈折：ホイヘンスの原理とフェルマーの原理

一般に波とは，物質の中に起こった振動が次々と周囲に伝わっていく現象をいう．波を伝える物質を媒質という．ただし，光は波の一種と考えられるが，物質のない真空中でも伝わる．それは，振動する電場（電界）と磁場（磁界）が，互いに他の振動を引き起こすので，振動が継続して進んでいくからである．

■ホイヘンスの原理   ★☆☆

ある瞬間に，波の振動が同じ状態になった点を連ねてできた線または面を波面という．波面の各点から，新たな球面波が送り出されると考え，これを素元波という．短い時間が過ぎた後，すべて素元波が作る球面に共通に接する面（包絡面）として新たな波面が形成される．これをホイヘンスの原理という．この考え方を使うと，波の進行や反射・屈折をうまく説明することができる．

問題 3.2.1

波の速さが異なる 2 つの物質の境界面を波が通過するとき，波の進行方向が変わる．この現象を屈折という．ホイヘンスの原理により，進行方向がどのように変わるか考えてみよう．

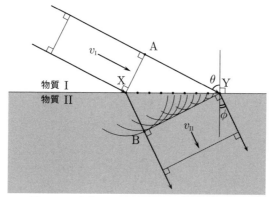

図 3.2.1 ホイヘンスの原理による波の屈折の説明

図 3.2.1 のように，一様な物質 I と物質 II が平面で接している．物質 I 内を速さ v_I で進む平面波が境界面で屈折し，速さ v_{II} で物質 II 内を進む．点 A を通過した波が点 Y に到達するまでの時間を T とする．この間に点 X から物質 II に入射した波は点 B に到達した．このとき，$AY = v_I T$，$XB = v_{II} T$ である．

(1) 入射角 θ と屈折角 ϕ が以下の関係式をみたすことを簡潔に説明せよ．

$$\frac{\sin\theta}{v_{\mathrm{I}}} = \frac{\sin\phi}{v_{\mathrm{II}}} \tag{3.2.1}$$

点 X を中心とする半径 $v_{\mathrm{II}}T$ の円に対して点 Y から引いた接線 YB に垂直な向きに，物質 II の中の波は進んでいく．図 3.2.2 のように，XA 上に点 L をとり，$\alpha = \dfrac{\mathrm{XL}}{\mathrm{XA}}$ とする．点 L から出た波は，XY 上で，$\mathrm{XM} = \alpha\mathrm{XY}$ である点 M を通り，BY 上で，$\mathrm{BN} = \alpha\mathrm{BY}$ である点 N に到達する．

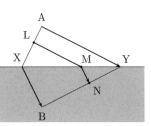

図 3.2.2　点 L からの波の伝搬

(2) α の値によらず，$\dfrac{\mathrm{LM}}{v_{\mathrm{I}}} + \dfrac{\mathrm{MN}}{v_{\mathrm{II}}} = T$ であることを示せ．

▶ 解

(1) $T = \dfrac{\mathrm{AY}}{v_{\mathrm{I}}} = \dfrac{\mathrm{XB}}{v_{\mathrm{II}}}$ である．また，図より $\mathrm{AY} = \mathrm{XY}\sin\theta$, $\mathrm{XB} = \mathrm{XY}\sin\phi$ であることがわかるので，これを代入して，

$$T = \frac{\mathrm{XY}\sin\theta}{v_{\mathrm{I}}} = \frac{\mathrm{XY}\sin\phi}{v_{\mathrm{II}}} \quad \Rightarrow \quad \frac{\sin\theta}{v_{\mathrm{I}}} = \frac{\sin\phi}{v_{\mathrm{II}}}$$

この関係を屈折の法則（スネルの法則）と呼ぶ．

(2) $\mathrm{LM} = \alpha\mathrm{AY}$ である．また $\mathrm{MY} = (1-\alpha)\mathrm{XY}$ だから，$\mathrm{MN} = (1-\alpha)\mathrm{XB}$ である．それゆえ，

$$\frac{\mathrm{LM}}{v_{\mathrm{I}}} + \frac{\mathrm{MN}}{v_{\mathrm{II}}} = \alpha\frac{\mathrm{AY}}{v_{\mathrm{I}}} + (1-\alpha)\frac{\mathrm{XB}}{v_{\mathrm{II}}} = \alpha T + (1-\alpha)T = T$$

となる．この結果，波面 AX が波面 BY へと進むことが確かめられる．　　　□

■ フェルマーの原理　　　　　　　　　　　　　　　　　　　　★★☆

細くしぼられた光線の屈折も式 (3.2.1) をみたす．実はこの関係式は，図 3.2.3 において，

光線が点 S から点 G へ進むとき，所要時間が最小になる経路が選ばれる

ことを示している．これをフェルマーの原理という．以下でこれを確認してみよう．

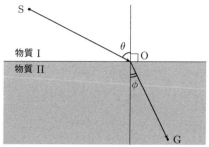

図 **3.2.3** 光線の屈折

問題 3.2.2

図 3.2.4 のように，点 O′ を境界面上で点 O の左側にとる．光が SOG と進むとき
の所要時間を t_0，SO′G と進むときの所要時間を t とする．ここで，点 P を SO 上で
$\angle \mathrm{SPO'} = \dfrac{\pi}{2}$ となるように，また点 Q を O′G 上で $\angle \mathrm{GOQ} = \dfrac{\pi}{2}$ となるようにとる．

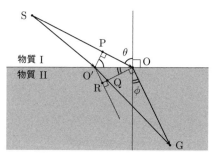

図 **3.2.4** 屈折点をずらした経路

(3) 所要時間の差が次のように表されることを示せ．

$$t - t_0 = \frac{\mathrm{SO'} - \mathrm{SP}}{v_{\mathrm{I}}} + \frac{\mathrm{QG} - \mathrm{OG}}{v_{\mathrm{II}}} + \left(\frac{\mathrm{O'Q}}{v_{\mathrm{II}}} - \frac{\mathrm{PO}}{v_{\mathrm{I}}} \right) \tag{3.2.2}$$

(4) 式 (3.2.2) の第 1 項 $\dfrac{\mathrm{SO'} - \mathrm{SP}}{v_{\mathrm{I}}}$ が正である理由を簡潔に説明せよ．

同じ理由で式 (3.2.2) の第 2 項 $\dfrac{\mathrm{QG} - \mathrm{OG}}{v_{\mathrm{II}}}$ も正である．式 (3.2.2) の第 3 項
$\left(\dfrac{\mathrm{O'Q}}{v_{\mathrm{II}}} - \dfrac{\mathrm{PO}}{v_{\mathrm{I}}} \right)$ が正となることを示すため，O′ を通り OG に平行な直線を引き，
OQ の延長線との交点を R とする．$\angle \mathrm{O'RQ} = \dfrac{\pi}{2}$ だから，(4) と同様の理由で

$$\mathrm{O'Q} > \mathrm{O'R}$$

となる．また，図 3.2.4 に示したように，$\angle \mathrm{O'OR} = \phi$，$\angle \mathrm{OO'P} = \theta$ となるので，

次の関係式が成り立つ.

$$O'R = OO' \sin\phi, \quad PO = OO' \sin\theta$$

(5) 式 (3.2.1) が成り立つことに注意して式 (3.2.2) の第 3 項が正である理由を示せ.

　この結果, $t - t_0 > 0$ であることが示される. 同様にして点 O' が点 O の右側にあるときにも $t - t_0 > 0$ となることを示すことができる. つまり, S から出て G に至る光線は, 所要時間が最小となる経路を選んでいるのである. これをフェルマーの原理と呼ぶ.

▶ **解**

(3) $t = \dfrac{SO'}{v_{\mathrm{I}}} + \dfrac{O'G}{v_{\mathrm{II}}} = \dfrac{SO'}{v_{\mathrm{I}}} + \dfrac{O'Q + QG}{v_{\mathrm{II}}}$, $t_0 = \dfrac{SO}{v_{\mathrm{I}}} + \dfrac{OG}{v_{\mathrm{II}}} = \dfrac{SP + PO}{v_{\mathrm{I}}} + \dfrac{OG}{v_{\mathrm{II}}}$ より,

$$t - t_0 = \frac{SO' - SP}{v_{\mathrm{I}}} + \frac{QG - OG}{v_{\mathrm{II}}} + \left(\frac{O'Q}{v_{\mathrm{II}}} - \frac{PO}{v_{\mathrm{I}}} \right)$$

(4) SO' は直角三角形 SO'P の斜辺なので SP より長いため.

(5)

$$\frac{O'Q}{v_{\mathrm{II}}} - \frac{PO}{v_{\mathrm{I}}} > \frac{O'R}{v_{\mathrm{II}}} - \frac{PO}{v_{\mathrm{I}}} = \frac{OO' \sin\phi}{v_{\mathrm{II}}} - \frac{OO' \sin\theta}{v_{\mathrm{I}}} = OO' \left(\frac{\sin\phi}{v_{\mathrm{II}}} - \frac{\sin\theta}{v_{\mathrm{I}}} \right) = 0$$

$\square$

[参考] 図 3.2.3 において, 境界面に沿って右向きに x 軸, これと垂直に S を通るように上向きに y 軸を設定する. S の座標を $(0, a)$, G の座標を $(L, -b)$, O の座標を $(x, 0)$ とすると, S から G までの所要時間は $t_0 = \dfrac{\sqrt{x^2 + a^2}}{v_{\mathrm{I}}} + \dfrac{\sqrt{(L - x)^2 + b^2}}{v_{\mathrm{II}}}$ となる. t_0 を x で微分すると,

$$\frac{dt_0}{dx} = \frac{x}{v_{\mathrm{I}}\sqrt{x^2 + a^2}} - \frac{L - x}{v_{\mathrm{II}}\sqrt{(L - x)^2 + b^2}} = \frac{\sin\theta}{v_{\mathrm{I}}} - \frac{\sin\phi}{v_{\mathrm{II}}}$$

となり, スネルの法則が成り立つときに t_0 が極値 (最小) となることがわかる. このように, 微分を用いることでフェルマーの原理は容易に導くことができる. 逆にフェルマーの原理を仮定すれば, スネルの法則そしてホイヘンスの原理が成立することもすぐにわかる.

　ある物理量が最小となる経路が実現するという見方は, その後解析力学における最小作用の原理に一般化され, さらに場の理論における経路積分の考えに発展していった.

コラム5 (★★★最速降下線)

　　質量 m の質点を，初速度ゼロで原点 O から点
A までを結ぶ摩擦がないなめらかな曲線に沿って
降下させる．このときの所要時間が最短となる曲
線を最速降下線という．

　　原点 O と点 A の間に多数の水平面を考え，上
から順に番号 i をつける．降下することで質点の
速度は連続的に変化するが，水平面 i と $i+1$ に
挟まれた領域では質点の速度は一定で速さを v_i と
しよう．原点から降下を始めた質点は，これらの
水平面を通過するごとに屈折を繰り返して点 A に
至る．

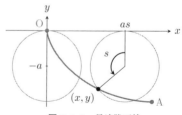

図 3.2.5　最速降下線

　　水平面 i を通過する際の入射角を θ_{i-1}，屈性角を θ_i とする．フェルマーの原理により，

$$\frac{\sin \theta_1}{v_1} = \frac{\sin \theta_2}{v_2} = \cdots = \frac{\sin \theta_i}{v_i} = \cdots \tag{3.2.3}$$

となるとき，所要時間が最短となると考えられる．

　　ここで考えた水平面群の間隔を 0 に近づける極限を考えれば，最速降下線はその曲線上で
$\frac{\sin \theta}{v} = K$ (一定) が成り立つことになる．θ は鉛直線と速度がなす角で，x, y 方向への変位を
それぞれ dx, dy とすれば，$\sin \theta$ は次のように表される．

$$\sin \theta = \frac{dx}{\sqrt{(dx)^2 + (dy)^2}} = \frac{1}{\sqrt{1 + \left(\frac{dy}{dx}\right)^2}}$$

　　一方，質点が点 (x, y) にあるときの速さ v は，力学的エネルギー保存法則により $v = \sqrt{-2gy}$
となる (y が負であることに注意)．よって，

$$\frac{1}{\sqrt{-2gy}} \times \frac{1}{\sqrt{1 + \left(\frac{dy}{dx}\right)^2}} = K \quad \Rightarrow \quad \left(\frac{dy}{dx}\right)^2 = -\frac{1}{2gK^2 y} - 1 \tag{3.2.4}$$

となる．これが最速降下線のみたす微分方程式である．

サイクロイド曲線 ▶付録 A.2

$$x(s) = a(s - \sin s), \quad y(s) = -a(1 - \cos s) \tag{3.2.5}$$

は，微分方程式 (3.2.4) をみたしている．ただし，パラメータは θ から s に変更し，y の符号を
変えてある．実際

$$\frac{dx}{ds} = a(1 - \cos s), \quad \frac{dy}{ds} = -a \sin s$$

より，

$$\left(\frac{dy}{dx}\right)^2 = \left(\frac{-a \sin s}{a(1 - \cos s)}\right)^2 = \frac{1 + \cos s}{1 - \cos s} = \frac{2}{1 - \cos s} - 1 = -\frac{2a}{y} - 1$$

となり，$a = \frac{1}{4gK^2}$ ととればサイクロイド曲線 (3.2.5) が微分方程式 (3.2.4) の解となる．

コラム 6 （★★★サイクロイド振り子）

式 (3.2.5) で与えられるなめらかなサイクロイド上の $s = s_0 \, (0 < s_0 < \pi)$ の点に置かれた質点は，最下点を中心とする往復運動をする．この周期を T とする．パラメータ表示された曲線上の微小な距離 $\sqrt{\left(\frac{dx}{ds}\right)^2 + \left(\frac{dy}{ds}\right)^2}\, ds$ をこのときの速さ $v = \sqrt{2g\,(y(s_0) - y(s))}$ で割り，$s = s_0$ から最下点 $(s = \pi)$ まで足し合わせると $T/4$ である．この和は積分で表され，

$$\frac{T}{4} = \int_{s_0}^{\pi} \frac{\sqrt{2a^2(1 - \cos s)}}{\sqrt{2ga(\cos s_0 - \cos s)}}\, ds = \sqrt{\frac{a}{g}} \int_{s_0}^{\pi} \frac{\sin \frac{s}{2}}{\sqrt{\cos^2 \frac{s_0}{2} - \cos^2 \frac{s}{2}}}\, ds$$

となる．ここで $\cos \frac{s}{2} = u \cos \frac{s_0}{2}$ とおいて積分変数を s から u に置換すると，

$$\frac{T}{4} = 2\sqrt{\frac{a}{g}} \int_{0}^{1} \frac{du}{\sqrt{1 - u^2}} = \pi \sqrt{\frac{a}{g}}$$

と求まり，s_0 によらないことがわかる．（最後の積分は，$u = \sin x$ と置換すればよい）．

このことを発見したホイヘンスは，図 3.2.6 に示した振り子を考案した．ここで灰色部分には物体があり，その下部が式 (3.2.5) のサイクロイドになっている．長さ $4a$ の糸の一端を原点 O に固定し，他端におもりをつけて鉛直面内で振らせる．糸の OP の部分はサイクロイドに重なる．PX と水平面のなす角を θ とする．

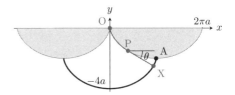

図 3.2.6 ホイヘンスのサイクロイド振り子

おもりの軌跡を求めてみよう．サイクロイドに沿った OP の長さは

$$\int_{0}^{s} \sqrt{\left(\frac{dx}{ds}\right)^2 + \left(\frac{dy}{ds}\right)^2}\, ds = \int_{0}^{s} 2a \sin \frac{s}{2}\, ds = 4a\left(1 - \cos \frac{s}{2}\right)$$

で与えられ，$\mathrm{PX} = 4a \cos \frac{s}{2}$ であることがわかる．また，

$$\tan \theta = -\frac{dy}{dx} = -\frac{\frac{dy}{ds}}{\frac{dx}{ds}} = \frac{\sin s}{1 - \cos s} = \frac{1}{\tan \frac{s}{2}} = \tan\left(\frac{\pi}{2} - \frac{s}{2}\right) \Rightarrow \theta = \frac{\pi}{2} - \frac{s}{2}$$

となり，点 X の座標 (x, y) は以下のように計算できる．

$$x = a(s - \sin s) + 4a \cos \frac{s}{2} \cos \theta = a(s + \sin s)$$

$$y = -a(1 - \cos s) - 4a \cos \frac{s}{2} \sin \theta = -a(1 + \cos s) - 2a$$

これはサイクロイドを表している．実際，これを右へ πa，上へ $2a$ 平行移動し，$s + \pi$ を新しいパラメータとして t とおけば，次のようになる．

$$x + \pi a = a((s + \pi) + \sin s) = a(t - \sin t)$$

$$y + 2a = -a(1 + \cos s) = -a(1 - \cos t)$$

3.3 夜汽車と蜃気楼：音の屈折と光の屈折

■音の屈折   ★☆☆

夜になると，遠方を走る列車の音がよく聞こえることがある．周囲が静かになっているから，とも考えられるが，必ずしもそれだけが理由ではなさそうだ．音も波なので，屈折の様子が昼と夜では異なるからである．

問題 3.3.1

音速は温度によって変わり，高温では $\boxed{\text{ア}}$ {速く・遅く} なる．このことは，音波の「進みやすさ」が媒質の温度によって変わると考えてもよい．ホイヘンスの素元波の考えによれば，「進みにくい」媒質では波面の間隔が狭くなり，波の屈折が発生する．

地上に比べて大気中の気温は，高くなったり低くなったりする．この様子を薄い層の大気が重なっているモデルで考えてみよう．図 3.3.1 のように，地面に沿って x 軸をとり，鉛直上向きに y 軸をとる．大気の層は高さ Δy ごとに，絶対屈折率が $n_1, n_2, \ldots$ となるものが，何層もあるとする．原点から，角度 θ_1 の方向に波が進み始めた．この波は，層ごとに屈折を繰り返しながら進むものとする．

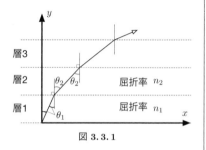

図 3.3.1

(1) 1番目の層から2番目の層へ入るとき，入射角 θ_1 で境界面に進んだものが，屈折角 θ_2 で進んだとする．$\sin\theta_2$ を θ_1, n_1, n_2 を用いて表せ．

(2) k 番目の層での屈折角を θ_k とする．$\sin\theta_k$ を θ_1, n_1 と n_k を用いて表せ．

(3) 屈折率が単調に増加するとき（$n_1 < n_2 < \cdots < n_k < \cdots$ のとき），波の進む向きはどうなるか．

(4) 屈折率が単調に減少するとき（$n_1 > n_2 > \cdots > n_k > \cdots$ のとき），波の進む向きはどうなるか．

風のないよく晴れた夜に遠くの音が聞こえることがあるが，これは大気の温度が高度によって連続的に変化することで説明できる．上空の温度が地表付近よりも $\boxed{\text{イ}}$ {高い・低い} と，音波は地表側に連続的に曲がっていく．

▶**解**　よく知られているように，音速 V 〔m/s〕は，温度 t 〔℃〕のとき，

$$V = 331.5 + 0.6t$$

で与えられる．つまり，高温では $\underline{速い}_{\text{ア}}$.

(1) 屈折の法則から，$\dfrac{\sin\theta_2}{\sin\theta_1} = \dfrac{n_1}{n_2}$. これより，$\sin\theta_2 = \dfrac{n_1}{n_2}\sin\theta_1$.

(2) $n_1 \sin\theta_1 = n_2 \sin\theta_2 = \cdots = n_k \sin\theta_k$ の式が成り立つから，$\sin\theta_k = \dfrac{n_1}{n_k}\sin\theta_1$.

(3) 屈折率が単調に増加するとき（$n_1 < n_2 < \cdots < n_k < \cdots$ のとき），(2) の結果より，$\sin\theta_1 > \sin\theta_2 > \cdots$ となる．したがって，$\theta_1 > \theta_2 > \cdots$ となって，波は y 軸に平行に近づいていく．

(4) 屈折率が単調に減少するとき（$n_1 > n_2 > \cdots > n_k > \cdots$ のとき），(2) の結果より，$\sin\theta_1 < \sin\theta_2 < \cdots$ となる．したがって，$\theta_1 < \theta_2 < \cdots$ となって，波は x 軸に平行に近づいていく．

　　屈折率が小さいということは，波にとっては進みやすい媒質ということだ．つまり音速が大きくなるように，温度は 高い$_イ$ ことに対応する．　　　　　　　　　□

　(4) の状況の場合，最終的にはどう進んでいくのだろうか．波の進行方向の傾き $\dfrac{\Delta y}{\Delta x}$ を考えてみよう．k 番目の層では，$\Delta x = \Delta y \cdot \tan\theta_k$ であるから，

$$\frac{\Delta y}{\Delta x}\bigg|_{層 k} = \frac{1}{\tan\theta_k} = \frac{\cos\theta_k}{\sin\theta_k} = \frac{\sqrt{1 - \sin^2\theta_k}}{\sin\theta_k} = \frac{\sqrt{n_k^2 - n_1^2 \sin^2\theta_1}}{n_1 \sin\theta_1}$$

ここでの層の厚さを十分に小さくして連続的な変化と考えれば，この式は波の進む方向の微分係数

$$\frac{dy}{dx}\bigg|_{層 k} = \frac{\sqrt{n_k^2 - n_1^2 \sin^2\theta_1}}{n_1 \sin\theta_1}$$

と考えることができる．ただし，ここでは，n_k は，層 k で一定値としている．この式の分子がゼロになることがありうるならば，傾きがゼロなので，進行方向が x 軸と完全に平行になる．実際には波には「波面」があるため，(4) のときのように，屈折率が上空に行くほど減少する場合，x 軸に平行になって進むのではなく，回折によって再び下方に向かって進む成分が現れる．

　夜，雲がないと，放射冷却によって地面から暖かい空気がどんどん上空に逃げていく．地面より上空の方が温度が高くなり，音が上空ではね返ってくるように地表に再び届くことになる．

■ 光の屈折

　プールの中で立っている人を外から見ると，足が短く見える．これは，私たちの目が，光が届く方向（見かけの角度）を基準にして距離を把握しているからだ．プール底の足先から出た光は屈折してきているが，見た人は，光は直進して届いたと誤解してしまう．水の上に出ている頭と接続して映像にすると，短足に見えてしまうのである．

　音の屈折で考えた波の経路を，今度は光の経路としても考えてみよう．

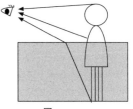

図 3.3.2

問題 3.3.2

蜃気楼と呼ばれる現象は，音と同様に光も波の性質をもち，連続的に温度が変わる大気で光が屈折することで説明される．大気の温度が高いと，光にとって屈折率は相対的に小さい．海面近くの大気の温度が高くて上空の大気の温度が低いとき，船の虚像は， ウ {図 3.3.3(a)・図 3.3.3(b)} のように現れ，海面近くの大気の温度が低くて上空の大気の温度が高いとき，船の虚像はもう一方の図のようになる．

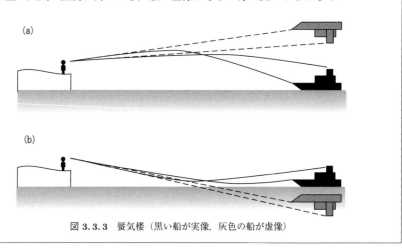

(a)

(b)

図 3.3.3 蜃気楼（黒い船が実像，灰色の船が虚像）

▶ **解**　答えは，図 3.3.3 (b)$_ウ$ である．　　　　　　　　　　　　　　□

波の分野の対象は，水面を伝わる波や音波，光などだが，いずれも波の重ね合わせや屈折・回折・共振（共鳴）などの原理が成り立つ．このような共通原理を見出すことの面白さが物理を学ぶ醍醐味の一つだ．

3.4 シャボン玉の色の変化

■ 表面張力 　　　　　　　　　　　　　　　　　　　　　　　　★☆☆

コップの上端まで水を張ると，水面は上に少し盛り上がった形になる．これは**表面張力**があるから，として説明される．表面張力の由来は，液体中にはたらく分子間力（引力）である．液体中では分子のもつ電気的性質によって分子は互いに引力を及ぼし合いながらゆるくつながっている．その分子間力のない空気との境界では，空気が及ぼす引力が液体中のものよりも小さいために，水面が空気側にゆがんでつりあうことになる．

問題 3.4.1

シャボン玉の大きさを決めるのは，内側と外側にある空気の圧力による膜を押す力と，膜の分子間力による表面張力のつりあいである．

表面張力は「表面の単位長さ部分をその直交する向きに引き伸ばす力」であり，〔力/長さ〕の次元をもつ量である．表面張力は，全体としてシャボン玉の膜を内側へ押す力としてはたらく（図 3.4.1）ので，シャボン玉の大きさが一定のとき，内側の空気の圧力は外側よりも ア { 大きい・小さい }．シャボン玉が半径 R の球の状態であるとして，膜の厚さは無視できるほど薄いとする．また，重力の影響も無視する．外側の空気の圧力を p_0，内側の空気の圧力を p_1 とする．表面張力によって生じる力を球面全体で F と

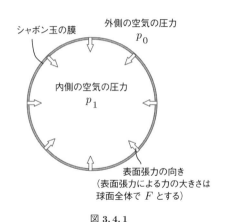

シャボン玉の膜
外側の空気の圧力 p_0
内側の空気の圧力 p_1
表面張力の向き
（表面張力による力の大きさは球面全体で F とする）

図 **3.4.1**

する．シャボン玉の球面の法線方向にはたらく力のつりあいの式を表すと

$$4\pi R^2 p_0 + F = \boxed{\text{イ}}$$

となる．

F の大きさは半径 R に比例する．それを次のように導こう．内部の圧力が p からわずかに上昇して，半径が $R + \Delta R$ に増加したとする．シャボン玉の表面積の増加 ΔS と，体積の増加 ΔV は，ΔR の高次の項を無視すると，

$$\Delta S = \boxed{\text{ウ}} \times \Delta R$$

$$\Delta V = \boxed{\text{エ}} \times \Delta R$$

となる．このシャボン玉の半径増加は，内部の圧力がする仕事 $p\Delta V$ と，表面が広

がることによる表面張力による仕事が等しくなったところで止まるとする. 後者を定数 α を用いて $\alpha\Delta S$ とすると, 圧力 p と α の関係は $\boxed{}$ となるので, F は $F = p \cdot 4\pi R^2 = \boxed{}$ となる.

(1) $\alpha = 0.025\,\mathrm{N/m}$ となる石けん水の場合で, $R = 0.10\,\mathrm{m}$ のシャボン玉の内側と外側の圧力差 $\Delta p\,(= p_1 - p_0)$ はいくらか.

▶ 解

ア 大きい

イ $4\pi R^2 p_1$

ウ $\Delta S = 4\pi(R+\Delta R)^2 - 4\pi R^2 \sim \underline{8\pi R}_{\text{ウ}} \cdot \Delta R$

エ $\Delta V = \dfrac{4}{3}\pi(R+\Delta R)^3 - \dfrac{4}{3}\pi R^3 \sim \underline{4\pi R^2}_{\text{エ}} \cdot \Delta R$

オ $p\Delta V = \alpha\Delta S$ より, $p \cdot 4\pi R^2 \Delta R = \alpha \cdot 8\pi R\Delta R$. これより, $p = 2\alpha/R$.

カ $F = p \cdot 4\pi R^2 = \dfrac{2\alpha}{R} \cdot 4\pi R^2 = 8\pi\alpha R$

(1) $4\pi R^2 \Delta p = 8\pi\alpha R$ より, $\Delta p = \dfrac{2\alpha}{R}$. 数値を代入すると, 0.50 Pa. $\qquad\square$

シャボン玉の膜には, 内側と外側の空気による押す力と, 膜の表面張力, そして重力が作用する. 表面張力は問題文中に出てくる α である. α の次元は, 〔J/m^2〕＝〔N/m〕であり, 表面張力は単位面積当たりに蓄えられるエネルギー（エネルギーの面密度）と見なすことができる.

実際のシャボン玉では, 重力による表面張力の大きさの変化を考える必要があり, その結果からシャボン玉の大きさには限界があることを示す式が導かれる. 石けん水の種類を工夫して, 100 m^3 のシャボン玉を作ることができた, という研究が報告されている[*2]. 石けん水の場合, 膜が球の形状を維持できる最大値があり, 膜の厚さを d とすると, $R \cdot d \leqq 2 \times 10^{-6}\,\mathrm{m}^2$ となることが知られている. シャボン玉の膜の厚さと半径がこの条件をみたすとして, 次にシャボン玉の反射光がどう見えるのかを考えていこう.

■ 薄膜の干渉 ★☆☆

光の干渉条件は, 同一の位相をもつ 2 つの光の光路差が半波長の偶数倍ならば互いに強め合い, 半波長の奇数倍ならば互いに弱め合う関係で議論される. ただし, 光路差は, 光にとっての距離であり, 相対屈折率が n の媒質中では実際の長さの n 倍で距離計算をする必要があり, 固定端反射では位相が反転することも考慮に入れる必要がある.

[*2] 論文は https://arxiv.org/abs/1908.00537, 解説は https://news.emory.edu/features/2020/01/physics-of-bubbles/index.html を参照のこと.

問題 3.4.2

薄膜によって生じる光の干渉を考えよう.

図3.4.2のように,屈折率 n,厚さ d の平面状の薄膜に対して白色光が入射する.薄膜の上と下は空気であり,空気の屈折率を1,また,$n > 1$ とし,薄膜の厚さは一定とする.点Aから入射し,点Bで反射して,点Cから出る光を光①とする.点Cで入射して反射する光を光②とする.遠方の同じ光源から平面波として届く光①と光②(図の点Aと点E,および点Dと点Cで同じ波面となる)が強め合う条件を導こう.

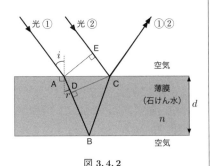

図 3.4.2

空気中で波長 λ の光が入射する場合を考える.光①の薄膜中での波長は $\boxed{\ \text{キ}\ }$ である.入射角 i と屈折角 r の間には,$\sin i = \boxed{\ \text{ク}\ }$ の関係がある.また,点Bと点Cでの反射で生じる光①と光②の位相は,$\boxed{\ \text{ケ}\ }$ { 同じである・$\pi/2$ ずれる・π ずれる }.そのため,光①と光②の光路差を L とすると,2つの光が強め合う条件は,干渉の次数(整数)を m として,

$$L = \boxed{\ \text{コ}\ }$$

となる.

光①と光②の光路差 L は,経路差は図の DBC の長さであるから,$L = 2nd\cos r$ である.

(2) 光が薄膜に垂直に入射するとき($i = 0$ のとき),反射光の干渉によって強め合う光の波長 λ を n, m, d を用いて表せ.

以下 (3),(4) でも,光が薄膜に垂直に入射するときを考える.また,屈折率は $n = 1.3$ で,この値は光の波長によらないものとする.

(3) 薄膜の厚さが $d = 1.0 \times 10^{-7}$ m のとき,強め合う反射光の色はなにか.表の分類を参照して答えよ.

(4) 薄膜の厚さが $d = 1.0 \times 10^{-5}$ m のとき,薄膜は色づいて見えない.その理由を説明せよ.

表 3.4.1

色	波長 ($\times 10^{-7}$ m)
赤	6.1〜7.7
橙	5.9〜6.1
黄	5.6〜5.9
緑	5.0〜5.6
青	4.6〜5.0
藍	4.3〜4.6
紫	3.8〜4.3

(5) 再び薄膜の厚さが $d = 1.0 \times 10^{-7}$ m のときを考える.光が薄膜に垂直に近い形で入射するとき($i > 0$ だが $i = 0$ に近いとき),強め合う反射光の色は (3) より紫寄りか,それとも赤寄りか.

一定量の石けん水でできたシャボン玉が膨張すると,その薄膜の厚さ d は半径 R の関数として $\boxed{\ \text{サ}\ }$ { R^2 に比例する・R に比例する・一定である・R^{-1} に比例する・

R^{-2} に比例する }.

(6) シャボン玉を膨らませていく過程で，反射光の色合いはどう変化していくか.

▶解

キ λ/n. したがって，（光路差）$= n \times$（経路差）になるといえる.

ク 屈折の法則から，$n = \dfrac{\sin i}{\sin r}$. これより，$\sin i = n \sin r_{\,\textit{ク}}$.

ケ π ずれる

コ 2 つの光が干渉して強め合うためには，位相が反射によって π ずれているために，光路差 L が半波長の奇数倍であればよい. したがって，$L = (2m+1)\dfrac{\lambda}{2}$.

(2) $2nd\cos r = (2m+1)\dfrac{\lambda}{2}$ より，$\lambda = \dfrac{4nd\cos r}{2m+1}$. $r = 0$ を代入して，$\lambda = \dfrac{4nd}{2m+1}$.

(3) $\lambda = \dfrac{4 \cdot 1.3 \cdot 10^{-7}}{2 \cdot 0 + 1} = 5.2 \times 10^{-7}$ m より，緑.

(4) $d = 10^{-5}$ m のとき，明線条件は $\lambda = \dfrac{520}{2m+1} \times 10^{-7}$ となるが，薄膜が色づいて見えるには明線が可視光線の範囲にある必要がある. この条件をみたす m は

$$3.8 < \frac{520}{m+1} < 7.7 \quad \text{より} \quad 33.2 < m < 67.9$$

となって多数あり，特定の色のみ強め合うことにならないため.

(5) (2) で得た式で，$r > 0$ とすると，$m = 0$ のときに干渉して強め合う光の波長は (3) のときより短くなる. したがって，(3) のときより紫寄りの光が強め合う.

サ R^{-2} に比例する. ［導出］球の表面積 $\times d$ が一定と考えられるから.

(6) シャボン玉の膜の厚さ d は，時間が経つにつれてだんだんと小さくなっていく. (3) と (4) で比較したように，シャボン玉を膨らませ始めると，はじめは色づいていなくても，$d \sim 10^{-7}$ m 程度で色づいて見える. 色づき始めは小さな紫色の円に見え，次第に中央の干渉光は青や緑に変化し，色づく円形部分の半径も広がっていく.   □

3.5 虹はどうして2本見える？

■主虹と副虹 ★☆☆

虹は空気中に浮遊する水滴の中を太陽光線が屈折・反射して散乱することによって生じる現象である．太陽光の差し込む角度や明るさなどの条件がそろうと，外側に少し暗いもう一つの虹を見ることができる．屈折の法則と，光の重なり合いで強め合うという知識だけで，2本の虹ができることを説明できる．

問題 3.5.1

水平方向から差し込む太陽の光が，水滴を通過して届く経路を3つ考え，観測者が見上げる角度（仰角）の大きさを比較しよう．水滴は球状であり，空気に対する水の相対屈折率を n とする．

図 3.5.1 は，A 点で水滴中に入射した光が，屈折して B 点から外に出てくる経路である．A 点での入射角を α，屈折角を β とすると，光の経路は，A 点において，進行方向から時計回りに　ア　の角度だけ曲げられる．この光が B 点においても　イ　の角度だけ時計回りに曲げられる．したがって，この散乱光が元の入射光となす角度（仰角）θ_1 は，$\theta_1 = 2(\alpha - \beta)$ となる．

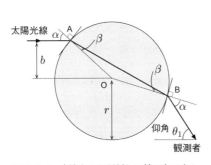

図 3.5.1 水滴中1回屈折して外に出てくる光の経路

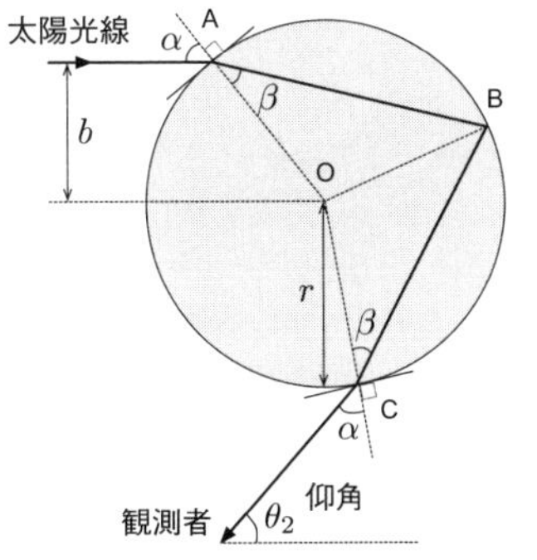

図 3.5.2 水滴中1回屈折・1回反射して外に出てくる光の経路

図 3.5.2 は，A 点で水滴中に入射した光が，B 点で反射し（一部は図 3.5.1 のように外に出る），C 点から出てくる経路である．このとき光の進路は，図 3.5.1 の場合に比べて，B 点で時計回りに　ウ　の角度だけ余計に曲げられることになる．結果として，散乱光が観測される仰角 θ_2 は，　エ　となる．

▶ **解**　図 3.5.1 は，水滴に入ったときに1回屈折して，次に水滴の表面に到達したと

きに外に出てくる経路である. 図より, 空気中から水滴に入ると, 光は $\underset{\text{ア}}{\underline{\alpha - \beta}}$ の角度だけ直線からずれて時計回りに曲がる. 同様に, 光が水滴から空気中に出るときも $\underset{\text{イ}}{\underline{\alpha - \beta}}$ の角度だけ曲げられることになる.

図 3.5.2 は, 水滴中で 1 回余計に反射してから外に出てくる経路である. 図 3.5.1 のときに比べて, B 点で角度 $\underset{\text{ウ}}{\underline{\pi - 2\beta}}$ だけ余計に曲げられる. 結果として, 仰角 θ_2 は, 図 3.5.3 を参考にして, $\underset{\text{エ}}{\underline{\theta_2 = 4\beta - 2\alpha}}$ となる. □

さて, 実際に θ_1, θ_2 を求めたい. 水滴で生じる角度 α, β を用いずに, 図にある衝突パラメータ b を用いて表すことにしよう.

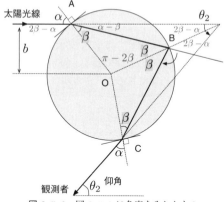

図 3.5.3 図 3.5.2 に角度を入れたもの

問題 3.5.2

角度 α と β の間には, 屈折の法則から,

$$n = \frac{\sin\alpha}{\sin\beta} \tag{3.5.1}$$

の関係がある. いま, どちらの場合も, 水滴の中心 O と入射光の延長線との距離 (衝突パラメータ) を b とする. 水滴の半径を r とすると, r, b, α の間には $\boxed{\text{オ}}$ の関係がある.

θ_1, θ_2 を b の関数として表せ. ただし, 三角関数 $y = \sin x$ の逆関数として, $x = \mathrm{Sin}^{-1}y$ を用いてよい ▶付録 A.3.

▶解　$\underset{\text{オ}}{\underline{b = r\sin\alpha}}$ であるから, $\alpha = \mathrm{Sin}^{-1}(b/r)$ となる. また, 屈折の法則から, $\beta = \mathrm{Sin}^{-1}\{(\sin\alpha)/n\}$ となる. これらより, α, β を n と b で表すことができて,

$$\theta_1 = 2(\alpha - \beta) = 2\,\mathrm{Sin}^{-1}(b/r) - 2\,\mathrm{Sin}^{-1}\{(\sin\alpha)/n\} \tag{3.5.2}$$

$$\theta_2 = 4\beta - 2\alpha = 4\,\mathrm{Sin}^{-1}\{(\sin\alpha)/n\} - 2\,\mathrm{Sin}^{-1}(b/r) \tag{3.5.3}$$

となる. □

これを用いて, 波長 550 nm の光に対し, $r = 1$ mm, $n = 1.335$ の水滴に入射したときの θ_1, θ_2 を描いたグラフは図 3.5.4(a) および (b) となる.

さて, いよいよ虹がどう見えるかを考えよう.

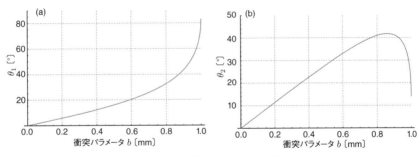

図 **3.5.4** θ_1, θ_2 を衝突パラメータ b で表したグラフ

問題 3.5.3

水滴には太陽光が平行に入射する．もし，衝突パラメータがわずかに異なる光がほぼ同じような仰角に散乱されるならば，その仰角での光は重なり合って強くなる．虹として見える光はこのような強め合う光によって生じている．図 3.5.4 の2つのグラフから，光の強め合いが生じるのは ｜ カ ｜{ 図 3.5.4 (a)・図 3.5.4 (b)} の場合で，その仰角は ｜ キ ｜ °付近となる．

▶**解** 光の重なり合いの考え方から，図 3.5.4 のグラフのうち，多少 b が異なっても同じような θ となる場合があるかどうか，言い換えれば極大か極小をとるようなグラフの部分はあるのか，と問われていることになる．図 3.5.4 (a) は単調増加のグラフなので該当せず，図 3.5.4 (b)_カ となる．また，グラフから，42°_キ 付近の角度になることがわかる． □

すなわち，図 3.5.1 の光の経路では強め合わず，図 3.5.2 の光の経路では強め合う．さらに色が分離することを考えよう．

問題 3.5.4

水の相対屈折率 n は，光の波長によって図 3.5.5 のように変化する．そのため，強め合う光の仰角は波長によってわずかに変化する．これが虹が赤色から紫色まで多数の色に分かれて見える理由である．

虹の色は内側から外側までどのように変化するか．

① 内側：赤，外側：紫
② 内側：紫，外側：赤

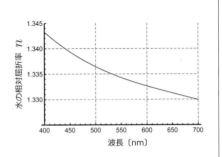

図 **3.5.5** 水の相対屈折率

のどちらかを選んで番号で答え，その理由を「波長」「屈折角」「仰角」の 3 つの語を
用いて説明せよ．

▶**解**　虹が見えるのは，波長による屈折率の違い（分散）が原因である．赤い色は波長
　　　が長いこと，図 3.5.5 から波長が長いと屈折率が小さいこと，したがって式 (3.5.1)
　　　から赤い色ほど屈折角 β が大きいことがわかる．エで求めた θ_2 の式から，β が大き
　　　いほど仰角が大きくなる．
　　　[答え] ②
　　　（理由）図 3.5.5 より波長が長いほど屈折率は小さいので，赤い色ほど屈折角 β が大
　　　きい．図 3.5.2 の場合，β が大きいと仰角 θ_2 も大きいので，赤い光ほど仰角が大きく
　　　上方に見える．　　　　　　　　　　　　　　　　　　　　　　　　　　　　　□

問題 3.5.5
　　図 3.5.6 のように，水滴の内部で光が 2 回反射して出てくる経路を考えよう．この
ときの仰角 θ_3 の大きさを計算すると，入射角 α，屈折角 β を用いて，$\theta_3 = \pi + 2\alpha - 6\beta$
となり，およそ 51° の角度で光が強め合うことになる．

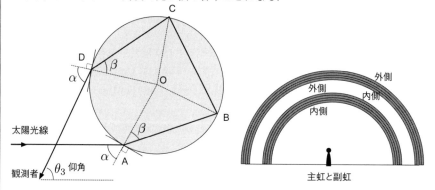

図 3.5.6　水滴中 1 回屈折・2 回反射して外に出て　　　　図 3.5.7　主虹と副虹
　　　　　くる光の経路

　このようにして虹は，主虹，副虹と呼ばれる 2 本の弧となって観測される
（図 3.5.7）．明るい方を主虹と呼ぶが，主虹の ┃ク┃ { 外・内 } 側に副虹が見られ，
副虹の色の順は，主虹と ┃ケ┃ { 同じ・逆 } になる．

▶**解**　図 3.5.6 から，θ_3 の式が得られる．この式は，β が大きくなると，θ_3 が小さくな
　　　るので，色の順は主虹と 逆ケ になる．また，明るくなる仰角が 42° と 51° と決まっ
　　　ているので，副虹の方が 外側ク に見えることになる．　　　　　　　　　　　□

■ 副虹の外側にもう一つの虹はあるか ★★☆

こう考えていくと，さらに外側にもう一つの副々虹はありうるのかどうかが気になる．

図 3.5.2 の経路の計算は，図 3.5.1 から時計回りにさらに $\pi - 2\beta$ 回転することから合計回転角は $2(\alpha - \beta) + \pi - 2\beta = 2\alpha - 4\beta + \pi$．$\pi$ からこの値を引いた角と仰角が錯角の関係にあるので，$\theta_2 = \pi - (2\alpha - 4\beta + \pi)$ となる．これが 1 回の内部反射ではなく，k 回とすると，合計回転角は $2(\alpha - \beta) + k(\pi - 2\beta) = 2\alpha - 2(1 + k)\beta + k\pi$．これより，

$$\theta_k^R = \pi - (2\alpha - 2(1 + k)\beta + k\pi)$$
$$= (1 - k)\pi - 2\alpha + 2(1 + k)\beta$$

図 3.5.4 の経路の計算は，時計と逆回りに合計回転角が $2(\alpha - \beta) + 2(\pi - 2\beta) = 2\pi + 2\alpha - 6\beta$．仰角はこれより π を引いた同位角になるので，$\theta_3 = (2\pi + 2\alpha - 6\beta) - \pi$ となる．これが 2 回の内部反射ではなく，k 回とすると，合計回転角は $2(\alpha - \beta) + k(\pi - 2\beta) = 2\alpha - 2(1 + k)\beta + k\pi$．これより，

$$\theta_k^L = 2\alpha - 2(1 + k)\beta + (k - 1)\pi$$

θ_k^R と θ_k^L のどちらも $k = 3, 4, 5, \ldots$ でも極値をとるので，さらなる副虹は存在しうる．ただし，何回も内部反射をすれば水滴から出てくる光自体も弱くなる．よほどの好条件がそろわないと 3 本目の虹を見ることは難しい．

☕ Coffee Break 6（ニュートンへの挑戦状）

最速降下線 ▶コラム5 を決定する問題は，ヨハン・ベルヌーイが 1696 年に世界中の数学者に対して提示した問題である．この問題にはガリレイも言及していて，彼は円弧であると考えていた．ベルヌーイはこれが誤りで，サイクロイド曲線になることを見出した．コラム5の解説は，彼の見つけた解法に基づくもので，物理的考察に準拠したエレガントなものであった．ただし，ベルヌーイは相当の自信家で，ニュートンに対しても強い敵愾心を抱いていた節がある．世界の数学者への問いかけとしてはいるが，ニュートンに対してこの問題が解けるかとのいわば挑戦状を出したともいえそうである．

この問題を受け取ったニュートンは，これが彼に対する挑戦状であると気づいたかどうかはわからないが，日記に仕事で大変疲れて帰宅したときであったが，翌朝 4 時には問題を解き終わったと記しているそうである．ニュートンは当時，王立造幣局の監督で，財務大臣的な仕事をしていた．

ニュートンは匿名で解答を提出したが，受け取ったヨハン・ベルヌーイはすぐさまこれがニュートンによるものだと見抜いたという．さすがニュートンだと悔しがったことであろう．なお，解答期限内に，兄のヤコブ・ベルヌーイ，ライプニッツ，ロピタルが正解している．ヤコブ・ベルヌーイはこの問題を発展させ，さらにオイラーによって変分法に発展した．なお，流体力学のベルヌーイの法則を導き出したのは，ヨハン・ベルヌーイの息子のダニエル・ベルヌーイである．ベルヌーイ一族には総勢 8 人の著名な学者がいたそうである．

3.6 音と光のドップラー効果

■ ドップラー効果   ★☆☆

音源あるいは観測者が移動していると，観測している振動数が変化する．これがドップラー効果である．まずは，ドップラー効果の公式 (3.0.7) の求め方から復習しておこう．

問題 3.6.1

音源あるいは観測者が移動していると，観測している振動数が変化する．この現象をドップラー効果という．音源が発する音の振動数を f_0，音速を V とする．

- まず音源が静止していて，観測者が音源に向かって速度 V_O で移動する場合を考えよう．音源は，t 秒間に $f_0 t$ 個の波を発生し，それが長さ Vt に存在するので，音源が発する音波の波長 λ は，$\lambda = \boxed{\quad ア \quad}$ となり，観測者が受け取る音波の波長 λ' も同じである．しかし，観測者は，波が速度 $\boxed{\quad イ \quad}$ で相対的に向かってくると観測するため，観測する振動数 f_1 は，$f_1 = \boxed{\quad ウ \quad}$ となる．

- 次に，音源が観測者に向かって速度 V_S で移動し，観測者が静止している場合を考えよう．音源が発生させる $f_0 t$ 個の波は，この場合は長さ $\boxed{\quad エ \quad}$ に存在するので，伝播する音波の波長 λ'' は，$\lambda'' = \boxed{\quad オ \quad}$ となる．観測者は，速度 V，波長 λ'' の波を観測するため，振動数 f_2 は，$f_2 = \boxed{\quad カ \quad}$ となる．

(1) 音源が観測者に向かって速度 V_S で移動し，かつ観測者が音源に向かって速度 V_O で移動し，かつ風が観測者に向かって u で吹いている場合に，観測者の受け取る音の振動数 f' を求めよ．

▶ **解**

- 音源が静止していて，観測者が音源に向かって速度 V_O で移動する場合：音源での波の諸量には，$\lambda = \dfrac{Vt}{f_0 t} = \underbrace{V/f_0}_{ア}$，観測者の受け取る波の諸量には，$\underbrace{V + V_O}_{イ} = f_1 \lambda' = f_1 \lambda$ の関係が成り立つので，

$$f_1 = \frac{V + V_O}{\lambda} = \underbrace{\frac{V + V_O}{V} f_0}_{ウ}$$

- 音源が観測者に向かって速度 V_S で移動し，観測者が静止している場合：$f_0 t$ 個の波が，長さ $\underbrace{(V - V_S)t}_{エ}$ に存在するので，$\lambda'' = \dfrac{(V - V_S)t}{f_0 t} = \underbrace{(V - V_S)/f_0}_{オ}$．観測者の受け取る波の諸量には，$V = f_2 \lambda''$ の関係が成り立つので，

$$f_2 = \frac{V}{\lambda''} = \underbrace{\frac{V}{V - V_S} f_0}_{カ}$$

(1) 上記 2 つの議論を合わせると，両者とも移動しているとき，観測される振動数は $\dfrac{V + V_O}{V - V_S} f_0$．風速が観測者に向かって u であれば，音速が $V + u$ に置き換わるので，

$$f' = \frac{V + u + V_O}{V + u - V_S} f_0 \qquad\qquad \square$$

問題 3.6.2

車に乗っていると，対向してきた救急車がすれ違った．このときにサイレンの音が聞こえたが，近づいているときと遠ざかるときとでは一音違っていた．

(2) 自分の車の速さを V_O，救急車の速さを V_S，音速を V，サイレンの振動数を f_0 として，無風状態としたとき，すれ違う前後の振動数の差 Δf を求めよ．

1 オクターブは振動数が 2 倍異なる音域である．1 オクターブの振動数幅を 12 分したものが半音の高低差に相当するので，半音高いことは振動数が $\sqrt[12]{2} = 1.06$ 倍大きくなることを意味する．したがって一音の違いは，この 2 乗で振動数の $\alpha \fallingdotseq 0.12$ 倍の違いである．以下では電卓を使ってよい．

(3) 音速 V は $V = 340\,\mathrm{m/s}$，$V_O = 10\,\mathrm{m/s}$ とする．V_S を求めよ．

(4) 自分の車も救急車も同じ $V_O = V_S = 10\,\mathrm{m/s}$ と考えれば，風が吹いていたと考えられる．風速と風向を求めよ．

▶ **解**

(2) 近づくときの振動数 f_1 と遠ざかるときの振動数 f_2 の差 Δf は，

$$\Delta f = f_1 - f_2 = \frac{V + V_O}{V - V_S} f_0 - \frac{V - V_O}{V + V_S} f_0 = \frac{2V(V_O + V_S)}{V^2 - V_S^2} f_0$$

(3) (2) で得られた式で，$\Delta f = \alpha f_0$ とすると，

$$\frac{2V(V_O + V_S)}{V^2 - V_S^2} f_0 = \alpha f_0$$

整理すると，

$$\alpha V_S^2 + 2V V_S + 2V_O V - \alpha V^2 = 0$$

の V_S についての 2 次方程式を解けばよい．$V_S > 0$ となる解は，

$$V_S = \frac{-V + \sqrt{V^2 - \alpha(2V_O V - \alpha V^2)}}{\alpha} \qquad (3.6.1)$$

与えられた値を代入すると，$V_S = 10.381\,\mathrm{m/s}\,(= 37.4\,\mathrm{km/h})$ となる．

(4) 式 (3.6.1) を，V についての方程式として解くと，

$$V = \frac{V_O + V_S + \sqrt{(V_O + V_S)^2 + \alpha^2 V_S^2}}{\alpha}$$

与えられた値を代入すると，$V = 333.6\,\mathrm{m/s}$．音速が 340 m/s だったので，風は観測者から音源の向きの成分をもち，その成分の大きさは 6.37 m/s である（風速と風向の成分しかわからない）．　　□

問題 3.6.3

図 3.6.1 のように，振動数 f_0 の音を出す装置 S がばねにつながれていて，x 軸上を原点を振動中心として振幅 A で往復運動している．観測者は x 軸上の位置 $x = D$ にいて，音の変化を観測している．装置 S は，周期 T で運動していて，時刻 $t = 0$ のときには，振動中心にあり，観測者に近づいていく向きに速さ v_0 であった．

装置 S の速度の時間変化は，$v(t) = v_0 \cos \left(\boxed{\ \text{キ}\ } \right)$ と書ける．音速を V とすると，ドップラー効果によって，観測者が受け取る音が最も高い振動数になるのは，装置 S が $x = \boxed{\ \text{ク}\ }$ の位置にあるときに発した音で，その振動数は $\boxed{\ \text{ケ}\ }$ である．また，観測者の受け取る振動数変化の大きさは，$\boxed{\ \text{コ}\ }$ である．

図 **3.6.1**

(5) $f_0 = 400\,\mathrm{Hz}$, $T = 1\,\mathrm{s}$, $D = 68\,\mathrm{m}$, $V = 340\,\mathrm{m/s}$, $v_0/V = 0.1$ のとき，観測者が受け取る音の振動数のおおよその変化をグラフに示せ．

▶**解**　ばねにつながれた物体は単振動をする．速度が最大になるのは，振動中心である．本問では $x = 0$ の原点だ．時刻 $t = 0$ で原点にあり，初速度 v_0 をもつ単振動の運動 $x(t)$ は，周期が T のとき

$$x(t) = A \sin \left(\frac{2\pi}{T} t \right)$$

として表される（時間 $t = T$ で位相が 2π 変化し，元の変位に戻ることから，すぐに理解できるだろう）．ここでの振幅 A は，最大でどこまで伸び縮みするか，という点から決めることができる．一方，物体の速度 $v(t)$ は，位置の時間微分であることから，

$$v(t) = \frac{d}{dt} x(t) = \frac{2\pi A}{T} \cos \left(\frac{2\pi}{T} t \right)$$

とも表すことができる．初速度が v_0 であれば，これは

$$v(t) = v_0 \cos \left(\underbrace{\frac{2\pi}{T} t}_{\text{キ}} \right)$$

となる．微分する操作をしなくても，振動中心で速度が最大になることから，この式を得ることはできるはずだ．

装置 S が音源として観測者へ向けて発信する音の振動数は，前問で導いたドップラー効果の公式から，

$$f_{\text{音源}}(t) = \frac{V}{V - v_0 \cos \left(\frac{2\pi}{T} t \right)} f_0$$

となる．観測者が受け取る音が最も高い振動数になるのは，装置 S が最も速く観測者に向かって動くときなので，振動中心 $x = 0$ ヶ にいるときである．振動数の最大値と最小値は，$f_+ = \dfrac{V}{V - v_0} f_0$ ケ，$f_- = \dfrac{V}{V + v_0} f_0$ であるから，その幅は，$f_+ - f_- = \dfrac{2V v_0}{V^2 - v_0^2} f_0$ コ と計算できる．

(5) 観測者の受け取る音の振動数 $f_{観測者}(t)$ は，音源より伝播時間が 0.2 秒かかる（装置 S の位置によって多少変動するが，その変動は小さいものとして無視する）ことから，$f_{観測者}(t) = f_{音源}(t - 0.2)$ となる．$f_{観測者}(t)$ のグラフは，おおよその形が問われているだけなので，最大値は，$\dfrac{V}{V - v_0} f_0 = \dfrac{1}{1 - 0.1} 400 = 444.4\,\text{Hz}$，最小値は，$\dfrac{V}{V + v_0} f_0 = \dfrac{1}{1 + 0.1} 400 = 363.6\,\text{Hz}$，最大値を与える時刻が $t = 0.2$ のような振動するグラフを描けばよい（図 3.6.2）． □

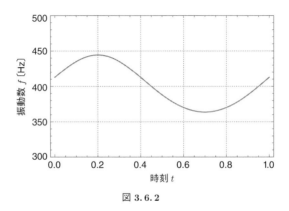

図 3.6.2

■光のドップラー効果 ★★☆

高校物理では，ドップラー効果は音波に関する現象として紹介されることが多いが，光も波なので，ドップラー効果が発生する．天体観測では，ドップラー効果によって，さまざまなパラダイム・シフトとなる結果がもたらされている．

問題 3.6.4

音と同様に，光もドップラー効果によって変化する．いま，ある恒星を継続的に観測していると，光のスペクトルが一定の周期で振動数を大きくしたり小さくしたりすることがわかった．この恒星が変光星ではないとすると，光の振動数変化は，恒星の固有運動に起因すると考えられる．恒星が相対的に遠ざかるときには，観測される光の波長は本来の光よりも サ { 長く・短く } なり，色は シ { 青方偏移・赤方偏移 } する．周期的に恒星がわずかに色を変える理由は，

その恒星が小さな惑星を伴っているからだと推測される．このようにして，太陽系以外にも惑星をもつ恒星が存在することが多数報告されるようになってきている．

(6) ある恒星を観測しているときに，最も青方偏移した瞬間に，惑星の位置はどこにあると考えられるか．図 3.6.3 の中から記号を 1 つ選び，その理由を記せ．「重心」という言葉を必ず用いること．

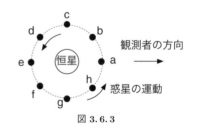

図 3.6.3

▶**解**　光も波の性質をもち，ドップラー効果を引き起こす．恒星が相対的に遠ざかるときには，観測される光の波長は 長く サ なり，色は赤い方向にずれる．これは，赤方偏移 シ として知られている現象である．

(6)　c. 恒星は惑星との重心を中心にして動く．重心は恒星と惑星の間にある．最も青方偏移するのは，恒星が観測者方向に最も速く近づくときであり，惑星が最も速く後退するときでもある．　　　　　　　　　　　　　　　　　　　　　　　　　　　　　　□

最近 10 年間で，惑星をもつ天体が太陽系以外にも多数存在することが知られるようになった．太陽系外惑星と呼ばれている．問題 3.6.4 は，太陽系外惑星の発見法として実際に用いられているドップラー法を題材にした．太陽系外惑星が初めて発見されたのは，1995 年のことである．発見者のマイヨールとケローは，2019 年のノーベル物理学賞を受賞した．

なお，宇宙全体が膨張している，というハッブル・ルメートルの法則も，遠方の銀河の後退速度を赤方偏移から導いた話である ▶第 3 巻 7.8 節．

3.7 スピードガン

■ スピードガンの動作原理 ★☆☆

スピードガンで球速が測られるが，厳密にはボールの速さを測っているわけではない．スピードガンによってなにが測られているのかを考えるため，平面内で動く物体の速さを同じ平面内で動く観測者が持つスピードガンで測るという設定で考察してみよう．

問題 3.7.1

振動数 f_0 の超音波を発するスピードガンを持った観測者と観測の対象である小物体は，それぞれ図 3.7.1 に示した軌道上を動く．

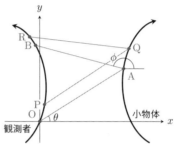

図 **3.7.1** 観測者と小物体の軌道

観測者が時刻 $t = 0$ の瞬間から Δt の間スピードガンから超音波を発射し，点 P に達した．時刻 $t = 0$ のときの観測者の位置を原点 O として x 軸と y 軸を図 3.7.1 に示したように設定する．超音波は時刻 T に点 A で小物体に当たり反射した．その後，超音波は小物体が点 Q に至るまでの ΔT の間，小物体に当たり反射を続けた．反射された超音波は，時刻 $T + \tau$ に点 B で観測者のもとに戻ってきた．その後，超音波は観測者が点 R に至るまでの $\Delta\tau$ の間，観測者に当たり続けた．

観測者と小物体の位置をそれぞれ $(x(t), y(t))$，$(X(t), Y(t))$，速度をそれぞれ $(v_x(t), v_y(t))$，$(V_x(t), V_y(t))$ とする．風はなく，超音波の速さは常に c であるとする．

(1) 時刻 $t = 0$ に原点 O から出た超音波が時刻 T に点 A で小物体に届いたので，次の式が成り立つ．

$$X^2(T) + Y^2(T) = \boxed{\quad \text{ア} \quad} \tag{3.7.1}$$

同様に，時刻 $t = \Delta t$ に点 P から出た超音波が時刻 $T + \Delta T$ に点 Q で小物体に届いたので，次の式が成り立つ．

$$(X(T + \Delta T) - x(\Delta t))^2 + (Y(T + \Delta T) - y(\Delta t))^2 = \boxed{\quad \text{イ} \quad} \tag{3.7.2}$$

ΔT は微小な時間で，この間に小物体は等速直線運動していると見なせば

$$X(T + \Delta T) = X(T) + V_x(T)\Delta T, \quad Y(T + \Delta T) = Y(T) + V_y(T)\Delta T$$

$$x(\Delta t) = v_x(0)\Delta t, \quad y(\Delta t) = v_y(0)\Delta t$$

と表される．

(2) 微小量 Δt, ΔT の 2 次の項（ΔT^2, Δt^2, $\Delta T\Delta t$）を無視する近似で Δt と ΔT との関係を求めよ．

▶ 解

(1) 超音波は速さ c で進むので，$\underline{(cT)^2}_{\mathcal{F}}$，$\underline{(c \cdot (T + \Delta T - \Delta t))^2}_{\mathcal{I}}$.

(2)

$$(X(T) + V_x(T)\Delta T - v_x(0)\Delta t)^2 + (Y(T) + V_y(T)\Delta T - v_y(0)\Delta t)^2$$
$$= (c \cdot (T + \Delta T - \Delta t))^2$$

において微小量の 2 次の項を無視すると

$$X^2(T) + 2X(T)(V_x(T)\Delta T - v_x(0)\Delta t) + Y^2(T) + 2Y(T)(V_y(T)\Delta T - v_y(0)\Delta t)$$
$$= (cT)^2 + 2c^2T(\Delta T - \Delta t)$$

となるが，微小量の 0 次（ΔT, Δt を含まない項）は式 (3.7.1) より消えるので，

$$(c^2T - X(T)v_x(0) - Y(T)v_y(0))\Delta t = (c^2T - X(T)V_x(T) - Y(T)V_y(T))\Delta T$$

となる．両辺を cT で割ると

$$\left\{ c - \left(\frac{X(T)}{cT}v_x(0) + \frac{Y(T)}{cT}v_y(0) \right) \right\} \Delta t$$
$$= \left\{ c - \left(\frac{X(T)}{cT}V_x(T) + \frac{Y(T)}{cT}V_y(T) \right) \right\} \Delta T \qquad (3.7.3)$$

$\square$

問題 3.7.2

OA の向きが x 軸の正の向きとなす角を θ とする．θ の符号は反時計回りを正とし，時計回りは負とする．

(3) このとき

$$\frac{X(T)}{cT} = \boxed{\quad \text{ウ} \quad}, \quad \frac{Y(T)}{cT} = \boxed{\quad \text{エ} \quad}$$

となる．

また，$t = 0$ で観測者の速さを $v(0)$，このとき観測者の速度が x 軸の正の向きとなす角を α，$t = T$ で小物体の速さを $V(T)$，このとき小物体の速度が x 軸の正の向きとなす角を β とする．α, β の符号も θ と同じように定める．

(4) (2) で求めた関係式が次の形に書き換えられることを示せ．

$$\{c - v(0)\cos(\theta - \alpha)\}\Delta t = \{c - V(T)\cos(\theta - \beta)\}\Delta T \tag{3.7.4}$$

▶**解**

(3) 図 3.7.1 より $\underline{\cos\theta}$ ゥ, $\underline{\sin\theta}$ ェ.

(4) $v_x(0) = v(0)\cos\alpha$, $v_y(0) = v(0)\sin\alpha$, $V_x(T) = V(T)\cos\beta$, $V_y(T) = V(T)\sin\beta$
より

$$\{c - (\cos\theta\, v(0)\cos\alpha + \sin\theta\, v(0)\sin\alpha)\}\Delta t$$
$$= \{c - (\cos\theta\, V(T)\cos\beta + \sin\theta\, V(T)\sin\beta)\}\Delta T$$

となるが, 加法定理により

$$\{c - v(0)\cos(\theta - \alpha)\}\Delta t = \{c - V(T)\cos(\theta - \beta)\}\Delta T \qquad \square$$

問題 3.7.3

 AB の向きが x 軸の正の向きとなす角を ϕ とし, $t = T + \tau$ で観測者の速さを $v(T+\tau)$, このとき観測者の速度が x 軸の正の向きとなす角を γ とする. 同様の考察により, 次の関係式が導かれる.

$$\{c - v(T+\tau)\cos(\phi - \gamma)\}\Delta\tau = \{c - V(T)\cos(\phi - \beta)\}\Delta T \tag{3.7.5}$$

 ここで, 超音波の波の個数を 1 振動ごとに 1 個と数えることにする. スピードガンから発射された超音波の振動数を f_0, スピードガンが観測した反射音の振動数を f とする.

 (5) f_0 と f の関係を Δt, $\Delta\tau$ を用いて示せ.

▶**解**

(5) スピードガンから発射された波の数とスピードガンが観測した波の数は等しいので

$$f_0 \Delta t = f \Delta\tau \tag{3.7.6}$$

$\square$

 音源や観測者が動くことで式 (3.7.6) の Δt と $\Delta\tau$ とが等しくなくなるので振動数 (可聴音なら高低) が変化するドップラー効果が起きる. 波は媒質中を波源や観測者の運動とは無関係に伝わっていくので, 波源と観測者の相対運動が同じでも (例えば, 静止している観測者に波源が近づく場合と, 静止している波源に観測者が近づく場合では, 相対的な運動としては同じだが), 生ずるドップラー効果には違いが現れることがある.

■ スピードガンはなにを測っているのか　　　　　　　　　　★☆☆

 式 (3.7.4) に含まれているのは, 観測者と小物体の速さの OA 方向の成分である. O は時刻 0 の波源 (スピードガン) の位置, A は時刻 T の小物体の位置だから, 波源から波が出た瞬間にはまだ OA 方向は定まっていない. 同様に, 式 (3.7.5) に含まれているのは,

観測者と小物体の速さの AB 方向の成分である．これらの式と式 (3.7.6) を組み合わせれば，小物体の速さ $V(T)$ を求める式を作ることはできるが，それを決めるためには振動数 f のほかに種々の角度を知らなければならない．

そのため，ここで導いた式 (3.7.4) や式 (3.7.5) はこのままの形で使うには複雑すぎるが，個別の問題にすぐ適用できる汎用的な公式と見なせば有益なものといえよう．

問題 3.7.4

スピードガンを持った観測者が原点 O に静止しているとする．

(6) 観測した超音波の振動数 f から小物体の速さに関して何がわかるか答えよ．

▶ **解**

(6) $v(0) = v(T + \tau) = 0$ として式 (3.7.4), (3.7.5) を辺々割り算すれば，

$$\frac{\Delta t}{\Delta \tau} = \frac{c - V(T)\cos(\theta - \beta)}{c - V(T)\cos(\phi - \beta)}$$

となる．また，原点 O にいて観測者が動かないので，図 3.7.1 で B は O になる．したがって $\phi = \theta + \pi$ となり

$$\cos(\phi - \beta) = -\cos(\theta - \beta)$$

である．一方，式 (3.7.6) より $\Delta t/\Delta \tau = f/f_0$ だから

$$\frac{f}{f_0} = \frac{c - V(T)\cos(\theta - \beta)}{c + V(T)\cos(\theta - \beta)} \quad \Rightarrow \quad V(T)\cos(\theta - \beta) = \frac{f_0 - f}{f_0 + f}c \qquad \Box$$

結局，測定された f からわかるのは $V(T)\cos(\theta - \beta)$ である．これは小物体の速度の観測者から見た小物体への向きの成分を表すのであって，速さ $V(T)$ を表しているわけではない．$f_0 < f$ のときは $V(T)\cos(\theta - \beta)$ が負で近づいていることになる．また，$V(T)$ となっているから，ピッチャーが投げた球速を測定する場合，投げた瞬間か，バッターが打つ直前かで測定値は異なる．スローカーブのように打者近くで落ちるボールでは測定方向とボールの速度の方向が大きくずれるので，測定値は実際の速さより遅くなる．

■ 救急車のサイレン   ★★☆

救急車のような緊急自動車とすれ違うときにサイレンの音が急に低くなるのは，しばしば経験する典型的なドップラー効果である．そこで，平行な道路を逆向きに走る救急車と観測者が乗った自動車がすれ違うとき，サイレンの音がどう変わるかを調べてみよう．

問題 3.7.5

救急車と観測者を乗せた自動車が距離 h を隔てて平行な道路を逆向きに走行してすれ違った．救急車と自動車の速さは一定で，それぞれ v，V である．救急車のサイレンの振動数を f_0，自動車に乗った観測者が聞くサイレンの振動数を f とする．図 3.7.2 は，点 O で救急車から出た音波が，点 A で観測車に届いたことを示している．

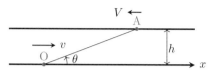

図 **3.7.2** 平行な道路を逆向きに走る救急車と自動車

(7) f と f_0 の関係を求めよ.

(8) 救急車がまだ前方の遠くにあるときの振動数 $f_{-\infty}$, すれ違って後方の遠くに離れたときの振動数 f_∞ を求めよ.

(9) 救急車とすれ違った瞬間の f を求めよ.

(10) $f = f_0$ の音が聞こえるのはすれ違ってからどれだけ時間が経過した後かを求めよ.

(11) すれ違った瞬間を $t = 0$ として $\cos\theta$ を t で表せ.

▶ **解**

(7) 図 3.7.1 の観測者を救急車に, 小物体を自動車に置き換え, 式 (3.7.4) を用いればよい. 救急車は x 軸の正の向きに進むので $\alpha = 0$, 自動車はその逆向きだから $\beta = \pi$ である. 式 (3.7.4) は

$$(c - v\cos\theta)\Delta t = (c + V\cos\theta)\Delta T$$

となり, 波の数が不変なことから成り立つ $f_0\Delta t = f\Delta T$ を用いて

$$\frac{f}{f_0} = \frac{\Delta t}{\Delta T} = \frac{c + V\cos\theta}{c - v\cos\theta} \tag{3.7.7}$$

(8) すれ違う十分前では $\theta = 0$, 十分後では $\theta = \pi$ と見なせるので,

$$f_{-\infty} = \frac{c + V}{c - v}f_0, \quad f_\infty = \frac{c - V}{c + v}f_0$$

(9) すれ違った瞬間に聞く音波は T だけ前に救急車から出ている. このときの救急車の位置は vT 手前だから図 3.7.3 より

$$\cos\theta = \frac{v}{c} \;\Rightarrow\; f = \frac{c + V\cos\theta}{c - v\cos\theta}f_0 = \frac{c^2 + Vv}{c^2 - v^2}f_0$$

となる. これは $(f_{-\infty} + f_\infty)/2$ に等しい.

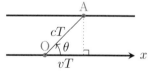

図 **3.7.3** すれ違った瞬間に聞く音波の経路

(10) 図 3.7.4 より, 音波が伝わるのに必要な時間は $T = h/c$ である. 救急車が点 O を通過したとき, 観測者は点 A の手前 VT のところにいるから, 救急車が点 O を通過してからすれ違うまでの時間は $VT/(V + v)$ となる. したがって

$$T - \frac{VT}{V + v} = \frac{vT}{V + v} = \frac{vh}{(V + v)\,c}$$

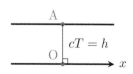

図 **3.7.4** $f = f_0$ のときの音波の経路

(11) 次の図 3.7.5 に t が負の場合と正の場合に音波が伝わる様子を示した．

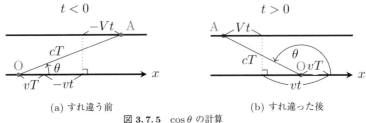

$t < 0$　　　　　　　　　　$t > 0$

(a) すれ違う前　　　　　　　　　(b) すれ違った後

図 3.7.5　$\cos\theta$ の計算

図 3.7.5(a) で縦の点線はすれ違う位置を示している．時刻 $t\,(<0)$ に観測者はすれ違う点まで $-Vt\,(>0)$ の距離の点を左向きに速さ V で走行している．一方，救急車はすれ違う点まで $-vt\,(>0)$ の距離の点を右向きに速さ v で走行している．時刻 t に観測者に到達した音波はこの時刻より T 前に救急車から発され，このときの救急車の位置が点 O である．この図から

$$(cT)^2 = (vT - (V+v)\,t)^2 + h^2$$
$$\Rightarrow \quad \left(c^2 - v^2\right)T^2 + 2(V+v)\,vt\,T - \left((V+v)^2 t^2 + h^2\right) = 0$$
$$\Rightarrow \quad T = \frac{-(V+v)\,vt + \sqrt{(V+v)^2(vt)^2 + (c^2 - v^2)((V+v)^2 t^2 + h^2)}}{c^2 - v^2}$$

となる．複号は $T > 0$ となるように選んだ．今後の計算に便利なように次の式でパラメータ β, t_0 を定義する．

$$\beta = \frac{v}{c}, \quad t_0 = \frac{h}{V+v}$$

これらのパラメータを用いると

$$T = \frac{h}{ct_0} \cdot \frac{-\beta t + \sqrt{t^2 + (1 - \beta^2)\,t_0{}^2}}{1 - \beta^2}$$

と表される．図 3.7.5(a) より $\cos\theta = (vT - (V+v)\,t)/cT$ で，この分子は

$$\frac{vh}{ct_0} \cdot \frac{-\beta t + \sqrt{t^2 + (1 - \beta^2)\,t_0{}^2}}{1 - \beta^2} - \frac{h}{t_0}\cdot t = \frac{-t + \beta\cdot\sqrt{t^2 + (1 - \beta^2)\,t_0{}^2}}{1 - \beta^2}\cdot\frac{h}{t_0}$$

と書き換えられ，

$$\cos\theta = \frac{vT - (V+v)\,t}{cT} = \frac{-t + \beta\cdot\sqrt{t^2 + (1 - \beta^2)\,t_0{}^2}}{-\beta t + \sqrt{t^2 + (1 - \beta^2)\,t_0{}^2}}$$
$$= \frac{\beta t_0{}^2 - t\cdot\sqrt{t^2 + (1 - \beta^2)\,t_0{}^2}}{t^2 + t_0{}^2} \tag{3.7.8}$$

となることがわかる．

t が正の場合も，図 3.7.5(b) から同様に計算できる．この場合，三角形の左右の向

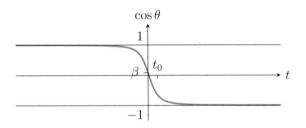

図 3.7.6　$\cos\theta$ の時間変化

き（点 O と点 A の x 座標の大小）が逆になり $\cos(\pi - \theta) = -\cos\theta$ を計算すること
になる．しかし $\cos\theta$ の分子が $(V + v)t - vT$ となって図 3.7.5(a) のときとは符号
が逆になるので，マイナスはキャンセルする．そのため，式 (3.7.8) は t が正の場合
でも成り立つ．$\cos\theta$ のグラフを図 3.7.6 に示した．ここでパラメータの値は

$$v = 30\,\mathrm{m/s} = 108\,\mathrm{km/h}, \quad V = 15\,\mathrm{m/s} = 54\,\mathrm{km/h}, \quad c = 340\,\mathrm{m/s}, \quad h = 10\,\mathrm{m}$$

$$\Rightarrow \quad \beta = 0.08822, \quad t_0 = 0.2222\,\mathrm{s}$$

である．すれ違いの前後で急激に変化することが見て取れる．　　　　　　　□

式 (3.7.8) において $t = 0$ とおけば $\cos\theta = \beta = v/c$ となり，(9) の答えが導かれる．
また，$\cos\theta = 0$ より

$$\beta t_0{}^2 - t \cdot \sqrt{t^2 + (1 - \beta^2)\,t_0{}^2} = 0$$

$$\Rightarrow \quad t^4 + (1 - \beta^2)t_0{}^2 t^2 - \beta^2 t_0{}^4 = \left(t^2 + t_0{}^2\right)\left(t^2 - \beta^2 t_0^2\right) = 0$$

が得られる．これより $t = \pm\beta t_0$ となるが，$t = -\beta t_0$ は $\cos\theta = 0$ の解ではなく

$$t = \beta t_0 = \frac{vh}{(V + v)\,c}$$

と決まり (10) の答えが再現される．

最後に f の時間変化のグラフを示そう．パラメータの値は図 3.7.6 と同じである．

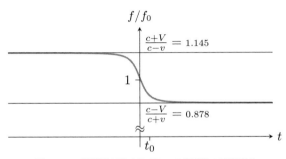

図 3.7.7　観測者が聞くサイレンの振動数の時間変化

　救急車のサイレンは 770 Hz（ソ）と 960 Hz（シ）である．この音がいまの例では近づいてくるときはほぼ全音高い 881 Hz（ラ）と 1099 Hz（ド），遠ざかるときはほぼ全音と半音低い 676 Hz（ミ）と 842 Hz（ソ♯）に近い音に聞こえることになる．

問題 3.7.6

(12) 音源と観測者の運動が平面上に限定されず空間内の任意の向きとしたとき，f/f_0 はどのように表されるかを考えよ．

▶**解**

(12) 図 3.7.1 を 3 次元空間での図と見直し，観測者の位置ベクトルを $\vec{x}(t)$，小物体の位置ベクトルを $\vec{X}(T)$ で表す．また，両者の速度ベクトルをそれぞれ $\vec{v}(t), \vec{V}(T)$ とする．これらはすべて 3 次元のベクトルで，$\vec{x}(0)$ を原点とする．このとき，

$$\left|\overrightarrow{\mathrm{OA}}\right|^2 = \left|\vec{X}(T)\right|^2 = \vec{X}(T)\cdot\vec{X}(T) = (cT)^2$$

$$\left|\overrightarrow{\mathrm{PQ}}\right|^2 = \left|\vec{X}(T+\Delta T) - \vec{x}(\Delta t)\right|^2 = (c\cdot(T+\Delta T - \Delta t))^2$$

が成り立つ．ここで

$$\vec{X}(T+\Delta T) = \vec{X}(T) + \vec{V}(T)\Delta T$$

$$\vec{x}(\Delta t) = \vec{v}(0)\Delta t$$

と近似して 2 次の微小量を無視すれば，式 (3.7.3) は次のように書ける．

$$\left(c - \frac{\overrightarrow{\mathrm{OA}}\cdot\vec{v}(0)}{\left|\overrightarrow{\mathrm{OA}}\right|}\right)\Delta t = \left(c - \frac{\overrightarrow{\mathrm{OA}}\cdot\vec{V}(T)}{\left|\overrightarrow{\mathrm{OA}}\right|}\right)\Delta T$$

ここで，$\dfrac{\overrightarrow{\mathrm{OA}}\cdot\vec{v}(0)}{\left|\overrightarrow{\mathrm{OA}}\right|}$ は $\vec{v}(0)$ の $\overrightarrow{\mathrm{OA}}$ 方向の成分を表す．そこで $\vec{v}(0), \vec{V}(T)$ が $\overrightarrow{\mathrm{OA}}$ となす角をそれぞれ p, q とすれば，

$$\frac{f}{f_0} = \frac{\Delta t}{\Delta T} = \frac{c - \left|\vec{V}(T)\right|\cos q}{c - \left|\vec{v}(0)\right|\cos p}$$

となる．したがって，一般に 3 次元空間内で運動する場合でも，波が進む $\overrightarrow{\mathrm{OA}}$ 方向の速度成分によりドップラー効果が起こることがわかる．　　　　　□

数学の補足1

　本書では，必要となる数学はどんどん使ったが，読者の習熟度によってはいきなり登場して戸惑う箇所もあるかもしれない．そのようなプラスアルファとなるものをまとめておく．数学的な厳密性についてはより専門の本を参考にしてほしい．本文と相互リンクしているので，本文から飛んでくることも，この補足から本文へ飛んでいくこともできるようにした．

ユークリッド

A.1 ベクトルの内積と外積

ベクトルの乗算は2つある．内積（inner product）と外積（outer product）だ．外積は高校数学では登場しないが，知っていると便利である．

■内積 ★☆☆

公式 A.1（ベクトルの内積）

ベクトルの内積（記号は $\cdot$）とは，成分どうしを次のように乗じてスカラー量を作ることである．

$$2 \text{成分なら} \quad \vec{a} \cdot \vec{b} = \begin{pmatrix} a_1 \\ a_2 \end{pmatrix} \cdot \begin{pmatrix} b_1 \\ b_2 \end{pmatrix} = a_1 b_1 + a_2 b_2 \tag{A.1.1}$$

$$3 \text{成分なら} \quad \vec{a} \cdot \vec{b} = \begin{pmatrix} a_1 \\ a_2 \\ a_3 \end{pmatrix} \cdot \begin{pmatrix} b_1 \\ b_2 \\ b_3 \end{pmatrix} = a_1 b_1 + a_2 b_2 + a_3 b_3 \tag{A.1.2}$$

内積は，2つのベクトルの大きさとなす角度 θ を用いて，次式のようにも表せる．

$$\vec{a} \cdot \vec{b} = |\vec{a}||\vec{b}| \cos\theta \tag{A.1.3}$$

上の定義より，次のことがいえる．

- 2つのベクトルが直交しているとき（$\theta = \pi/2$ のとき），内積はゼロになる．
- ベクトル $\vec{a}$ の大きさは，次のようにも書ける．

$$|\vec{a}| = \sqrt{\vec{a} \cdot \vec{a}}$$

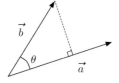

内積 $\vec{a} \cdot \vec{b}$ はスカラー量
$\vec{a} \cdot \vec{b} = |\vec{a}||\vec{b}| \cos\theta$

図 A.1.1 ベクトルの内積

[topic] 仕事量は内積で定義される

物理では，仕事量 W は，（力 F）×（移動した距離 x）として定義されるが，加える力の向きが必ずしも移動する向きとは限らない．そのようなときは，力も移動距離もベクトル量 $\vec{F}, \vec{x}$ として表し，

$$\begin{aligned} W &= \vec{F} \cdot \vec{x} \\ &= |\vec{F}||\vec{x}| \cos\theta \end{aligned} \tag{A.1.4}$$

と表すことができる．最後の θ は力と移動方向のなす角度 θ である．したがって，運動方向に対して垂直にはたらく力（円運動に対する向心力など）は，運動の向きを変更させるだけで「仕事はしない」ということになる．

■外積 ★★☆

> **公式 A.2（ベクトルの外積）**
> 3次元ベクトルに対して，ベクトルの外積（記号は ×）は，次のように定義される．「たすきがけ」を各成分について行う形だ．外積の結果はベクトル量である．
>
> $$\vec{a} \times \vec{b} = \begin{pmatrix} a_1 \\ a_2 \\ a_3 \end{pmatrix} \times \begin{pmatrix} b_1 \\ b_2 \\ b_3 \end{pmatrix} = \begin{pmatrix} a_2 b_3 - b_2 a_3 \\ a_3 b_1 - b_3 a_1 \\ a_1 b_2 - b_1 a_2 \end{pmatrix} \qquad (A.1.5)$$
>
> 外積で得られたベクトルは，$\vec{a}, \vec{b}$ どちらにも直交する方向で向きは $\vec{a}$ から $\vec{b}$ に右ねじを回したときに進む向きであり，大きさは2つのベクトルのなす角度 θ を用いて，
>
> $$|\vec{a} \times \vec{b}| = |\vec{a}||\vec{b}| \sin\theta \qquad (A.1.6)$$
>
> となる．

上の定義より，次のことがいえる．

- 2つのベクトルが平行（反平行）であれば，それらの外積はゼロベクトルである．
- 外積は乗じる順によって符号が異なり，

$$\vec{a} \times \vec{b} = -\vec{b} \times \vec{a}$$

となる．

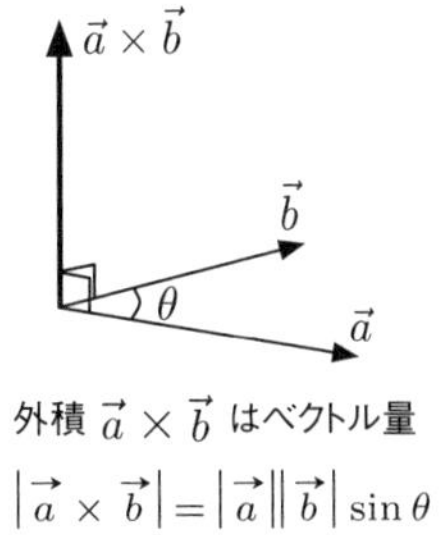

外積 $\vec{a} \times \vec{b}$ はベクトル量
$$|\vec{a} \times \vec{b}| = |\vec{a}||\vec{b}| \sin\theta$$

図 A.1.2　ベクトルの外積

[topic] 平面の式の求め方

外積の計算は，2つのベクトルに対して，どちらにも直交する第3のベクトルを求めることに対応する．つまり，ある3点を通る平面の式を求めたいときには，次のような手法が使える．3点からベクトルを2つ $(\vec{a}, \vec{b})$ 作り，その外積を計算する．例えば，$\vec{c} = \vec{a} \times \vec{b} = (c_1, c_2, c_3)$ とする．このベクトル $\vec{c}$ は，求めたい平面の法線ベクトルになっている．平面上の一点 (x_0, y_0, z_0) から，平面上の任意の点 (x, y, z) へのベクトルと $\vec{c}$ は直交することから，

$$\begin{pmatrix} c_1 \\ c_2 \\ c_3 \end{pmatrix} \cdot \begin{pmatrix} x - x_0 \\ y - y_0 \\ z - z_0 \end{pmatrix} = 0$$

すなわち

$$c_1(x - x_0) + c_2(y - y_0) + c_3(z - z_0) = 0 \qquad (A.1.7)$$

と平面の式が求められることになる．

[**topic**] ローレンツ力

　電磁気学では，磁場中を動く荷電粒子が受けるローレンツ力の話が出てきて，

　　　電荷 $+q$ の荷電粒子が，磁場 $\vec{B}$ の中を，磁場と角度 θ をなす方向に速度 $\vec{v}$ で
　　　動くとき，荷電粒子は，ローレンツ力 $\vec{F}$ を受け，その大きさは $F = qvB\sin\theta$，
　　　その向きはフレミングの左手則に従う

と高校物理で習うが，大きさと向きを含めて

$$\vec{F} = q\vec{v} \times \vec{B} \tag{A.1.8}$$

としてまとめることができる．同様に，磁場中に電流 $\vec{I}$ が流れる導線は，

$$\vec{F} = \vec{I} \times \vec{B} \tag{A.1.9}$$

の力を受けると表すことができる [*1)]．

[*1)] ベクトル解析の知識を用いた電磁気学の式（マクスウェル方程式）は，第 2 巻で紹介しよう
▶第 2 巻付録 B.3 ．

（A.2）パラメータ表示と軌跡

公式 A.3（媒介変数表示）

x, y が変数 t の関数として，

$$\begin{cases} x = x(t) \\ y = y(t) \end{cases} \tag{A.2.1}$$

と表されるとき，これを媒介変数表示といい，t をパラメータ（媒介変数）と呼ぶ．

パラメータを 2 式から消去すると，x–y 平面上でその点の動く**軌跡**（trajectory）が得られる．

物理の問題では，時間座標 t を用いて物体の位置を $(x(t), y(t))$ として表すことが多いが，このときの t がパラメータである *2)．パラメータ表示される代表的な例をいくつか記しておこう．

■円，楕円　　　　　　　　　　　　　　　　　　　　　　　　　★☆☆

原点を中心とする半径 r の円は，角度座標 θ を用いて

$$\begin{cases} x = r \cos\theta \\ y = r \sin\theta \end{cases} \tag{A.2.2}$$

と表すことができる．ここでは，θ がパラメータである．θ が $[0, 2\pi]$ を動くとき，対応する点が円を描きながら一周する様子がわかるだろう．θ を消去すると円の式

$$x^2 + y^2 = r^2$$

が得られる．

長軸半径を a，短軸半径を b とする楕円は，x 軸方向を長軸として

$$\begin{cases} x = a \cos\theta \\ y = b \sin\theta \end{cases} \tag{A.2.3}$$

と表すことができる．両式から θ を消去すると，楕円の式

$$\frac{x^2}{a^2} + \frac{y^2}{b^2} = 1$$

が得られる．

---

*2) 第 1 章では，曲線を「動く点の軌跡」という視点から，「パラメータ表示」して表すことを題材にした ▶1.2 節．放物運動の (x, y) 座標を時間座標 t で表した式 (1.2.4) は，時間座標 t を消去すると，軌道方程式 (1.2.5) になった．

■ 平面上の直線

平面上の直線

$$y = ax + b \qquad (\text{A.2.4})$$

は，点 $(0, b)$ を通り，ベクトル $(1, a)$ の定数倍の点の集合で，t をパラメータとして

$$\begin{pmatrix} x \\ y \end{pmatrix} = \begin{pmatrix} 0 \\ b \end{pmatrix} + t \begin{pmatrix} 1 \\ a \end{pmatrix} = \begin{pmatrix} t \\ b + at \end{pmatrix} \qquad (\text{A.2.5})$$

と表すことができる．

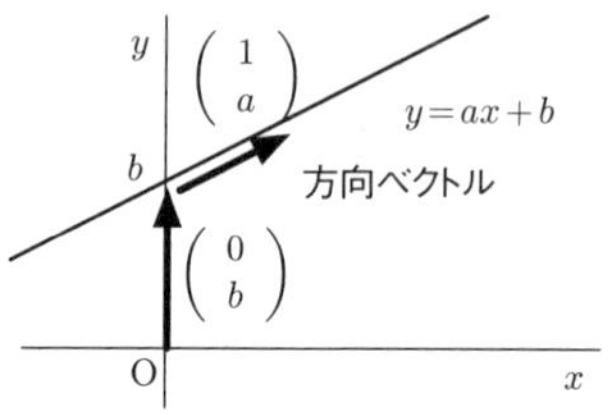

★☆☆

図 A.2.1　平面上の直線の表現

■ 空間の直線

空間の直線同様に，点 (α, β, γ) を通り，方向ベクトル (ℓ, m, n) の直線上の点 (x, y, z) は，t をパラメータとして

$$\begin{pmatrix} x \\ y \\ z \end{pmatrix} = \begin{pmatrix} \alpha \\ \beta \\ \gamma \end{pmatrix} + t \begin{pmatrix} \ell \\ m \\ n \end{pmatrix} \qquad (\text{A.2.6})$$

と表すことができる．

★☆☆

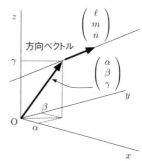

図 A.2.2　空間の直線の表現

■ 平面

★☆☆

平面は一直線上にない異なる3点を指定すると決定されるが，これは1つの点からそれぞれ他の点を向く2つの独立なベクトルを用いて表すことができる．いま，(x, y, z) 空間内の平面のうち，座標 (α, β, γ) の一点を通り，2つのベクトル $\vec{\ell} = (\ell_1, \ell_2, \ell_3)$ と $\vec{m} = (m_1, m_2, m_3)$ を含む平面を考えよう．この一点から平面上の各点に向かうベクトルは，2つのベクトルの線形結合であり，2つの実数パラメータ t, s を用いて，

$$\begin{pmatrix} x \\ y \\ z \end{pmatrix} = \begin{pmatrix} \alpha \\ \beta \\ \gamma \end{pmatrix} + t \begin{pmatrix} \ell_1 \\ \ell_2 \\ \ell_3 \end{pmatrix} + s \begin{pmatrix} m_1 \\ m_2 \\ m_3 \end{pmatrix} \qquad (\text{A.2.7})$$

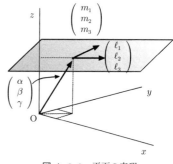

図 A.2.3　平面の表現

と書ける．式 (A.2.7) より，t, s を消去して軌跡の方程式を出すと，

$$n_1(x - \alpha) + n_2(y - \beta) + n_3(z - \gamma) = 0 \qquad \text{(A.2.8)}$$

の形でまとめられる．これが空間内の平面を表す一般式である．$\vec{n} = (n_1, n_2, n_3)$ を成分とするベクトルは，$\vec{\ell}, \vec{m}$ どちらにも直交し，平面の**法線ベクトル**と呼ばれる幾何学的な意味をもつ．外積を用いれば，$\vec{n} = \vec{\ell} \times \vec{m}$ と書ける．

■ サイクロイド　　　　　　　　　　　　　　　　　　　　　　　　　　　★★☆

　　円を直線上をすべらずに転がすとき，円の一点が動く軌跡を**サイクロイド**という．例えば自転車の車輪の一点を追い続けると，サイクロイド曲線になっている ▶コラム5 ．導出は次のようになる．

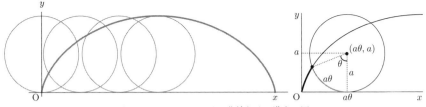

図 A.2.4　サイクロイド曲線とその導出の図

　　半径 a の円が x 軸上を転がるとして，はじめに原点にあった点の軌跡を考えよう．円が角度 θ だけ回転したとき，対応する円周の長さ $a\theta$ だけ，円は x 軸方向へ移動しているので，円の中心の座標は，$(a\theta, a)$ である．はじめに原点にあった点の位置 (x, y) は，円の中心からの位置ベクトルで，$(-a\sin\theta, -a\cos\theta)$ のところにある．したがって，

$$\begin{pmatrix} x \\ y \end{pmatrix} = \begin{pmatrix} a\theta \\ a \end{pmatrix} + \begin{pmatrix} -a\sin\theta \\ -a\cos\theta \end{pmatrix} \qquad \text{(A.2.9)}$$

となる．すなわち，サイクロイド曲線上の点は，

$$\begin{cases} x(\theta) = a(\theta - \sin\theta) \\ y(\theta) = a(1 - \cos\theta) \end{cases} \qquad \text{(A.2.10)}$$

である．$\theta = n\pi$ $(n = \pm 1, \pm 2, \ldots)$ ごとに点は x 軸上にある．

　　これらの式からパラメータ θ を消去するには，逆三角関数 ▶付録A.3 が必要になる．

逆関数の定義をおさらいしよう.

> **公式 A.4（逆関数）**
> 　x の関数 $y = f(x)$ が，y の値を定めると x の値がただ 1 つに定まるとき（すなわち，x が y の関数として $x = g(y)$ と表されるとき），その変数 x, y を入れ替えた $y = g(x)$ を $y = f(x)$ の逆関数という.

例　$y = x^3$ に対して，$x = \sqrt[3]{y}$ となるので，$y = x^3$ の逆関数は，$y = \sqrt[3]{x}$ である.

例　$y = 10^x$ に対して，$x = \log_{10} y$ となるので，$y = 10^x$ の逆関数は，$y = \log_{10} x$ である.

　三角関数の逆関数が逆三角関数である [*3)].

$y = \sin x$ の式で，x に注目し，x を y で表現する方法として，

$$x = \mathrm{Sin}^{-1} y \quad \text{または} \quad x = \arcsin y$$

と書き，どちらも「アークサイン」と読む（肩の指数は $\sin y$ の -1 乗という意味ではない．混乱を避けるために，本書では逆関数のときは大文字で記述することにする）.

$$y = \mathrm{Sin}^{-1} x \quad \text{または} \quad y = \arcsin x$$
$$y = \mathrm{Cos}^{-1} x \quad \text{または} \quad y = \arccos x$$
$$y = \mathrm{Tan}^{-1} x \quad \text{または} \quad y = \arctan x$$

三角関数は周期的な関数であるから，逆関数を考えるときには関数の一価性を保つため，定義域と値域を次の表のように制限する.

表 A.3.1　逆三角関数の定義域と値域

関数	定義域	値域
$y = \mathrm{Sin}^{-1} x$	$x \in [-1, 1]$	$y \in \left[-\dfrac{\pi}{2}, +\dfrac{\pi}{2}\right]$
$y = \mathrm{Cos}^{-1} x$	$x \in [-1, 1]$	$y \in [0, \pi]$
$y = \mathrm{Tan}^{-1} x$	$x \in (-\infty, +\infty)$	$y \in \left(-\dfrac{\pi}{2}, +\dfrac{\pi}{2}\right)$

　逆関数のグラフは，元の三角関数のグラフを $y = x$ に関して裏返しにすればよい.

[*3)]　問題 3.5.2 ▶3.5節 で登場した.

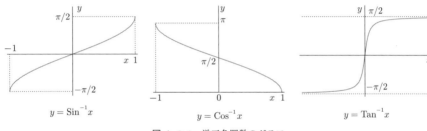

図 **A.3.1** 逆三角関数のグラフ

[topic] サイクロイド曲線のパラメータ表示

逆三角関数を使うと，サイクロイド曲線のパラメータ表示 (A.2.10) において，θ を次のように表すことができる．

$$\theta = \mathrm{Cos}^{-1}\left(\frac{a-y}{a}\right), \quad 0 \leqq y \leqq 2a$$

ただし，θ は $0 \leqq \theta \leqq \pi$ の範囲に限定される．このとき $\sin\theta$ は正で

$$\sin\theta = \sqrt{1 - \cos^2\theta} = \sqrt{1 - \left(\frac{a-y}{a}\right)^2} = \frac{1}{a}\sqrt{2ay - y^2}$$

となるので，$0 \leqq x \leqq a\pi$ のとき

$$x = a\,\mathrm{Cos}^{-1}\left(\frac{a-y}{a}\right) - \sqrt{2ay - y^2}$$

となる．

[topic] 置換積分

有理式の積分

$$I = \int_0^a \frac{1}{1+x^2}\,dx$$

は，$x = \tan\theta$ と置換することで計算できる．$\dfrac{dx}{d\theta} = \dfrac{1}{\cos^2\theta}$ より，

$$I = \int_0^{\mathrm{Tan}^{-1}a} \frac{1}{1+\tan^2\theta}\frac{d\theta}{\cos^2\theta} = \int_0^{\mathrm{Tan}^{-1}a} d\theta = \mathrm{Tan}^{-1}a$$

となる [*4)]．

[*4)] 本書第 2 巻問題 5.4.4 で用いる ▶第 2 巻 5.4 節 ．

A.4 数 列，漸 化 式

■ 数列 ★☆☆

ある規則に従って並ぶ数字の列を，**数列**という．例えば，並び合う各項の差が等しい数列を**等差数列**といい，並び合う各項の比が等しい数列を**等比数列**という．数列 $a_1, a_2, \ldots, a_n, \ldots$ を $\{a_n\}$ と表し，第 1 番目の項を**初項**，第 n 番目の項を一般的に示す表現を**一般項**と呼ぶ．

- 初項が a_1，各項間の差（公差）が d の，等差数列の一般項は，

$$a_n = a_1 + (n-1)d$$

である．例えば，数列 $\{a_n\} = \{1, 3, 5, 7, 9, 11, \ldots\}$ は，初項 $a_1 = 1$，公差 $d = 2$ の等差数列であるから，一般項は，$a_n = 1 + 2(n-1)$ と表される．

- 初項が b_1，各項間の比（公比）が r の，等比数列の一般項は，

$$b_n = b_1 r^{n-1}$$

である．例えば，数列 $b_n = \{2, 6, 18, 54, 162, \ldots\}$ は，初項 $b_1 = 2$，公比 $r = 3$ の等比数列であるから，一般項は，$b_n = 2 \cdot 3^{n-1}$ と表される．

■ 数列の和 ★☆☆

数列の和（sum）を表す記号として，シグマ記号がある．シグマはアルファベットの S に相当するギリシャ文字である．数列 $\{a_n\}$ の初項から第 n 項までの和を数列 $\{a_n\}$ の**部分和**といい，次のように記す．

$$S_n = a_1 + a_2 + a_3 + \cdots + a_n \equiv \sum_{k=1}^{n} a_k \tag{A.4.1}$$

公式 A.5（等差数列，等比数列の和）
- 初項 a_1，公差 d の等差数列の部分和は，

$$S_n = \sum_{k=1}^{n} (a_1 + (k-1)d) = \frac{n(a_1 + a_n)}{2} \tag{A.4.2}$$

- 初項 a_1，公比 r $(r \neq 1)$ の等比数列の部分和は，

$$S_n = \sum_{k=1}^{n} (a_1 r^{k-1}) = \frac{a_1(1 - r^n)}{1 - r} = \frac{a_1(r^n - 1)}{r - 1} \quad (r \neq 1) \tag{A.4.3}$$

公式 (A.4.3) は，和を求めた式 $S_n = \displaystyle\sum_{k=1}^{n} a_k$ に対し，それを r 倍した式との差を考えることで得られる．すなわち，

$$S_n = a_1 + ra_1 + r^2 a_1 + r^3 a_1 + \cdots + r^{n-1} a_1$$

$$rS_n = \qquad\quad ra_1 + r^2 a_1 + r^3 a_1 + \cdots + r^{n-1} a_1 + r^n a_1$$

の両式の差より, $S_n - rS_n = a_1 - r^n a_1$. これを S_n について解けばよい.

式 (A.4.3) から, $|r| < 1$ のとき, $n \to \infty$ の極限が存在して,

$$S = \lim_{n \to \infty} S_n = \frac{a_1}{1 - r} \tag{A.4.4}$$

となることがわかる. 無限に続く項の和が有限になることを示す式である [*5)].

■漸化式 1　★★☆

数列 a_n が,

$$a_{n+1} = pa_n + q, \quad p, q \text{ は定数} \tag{A.4.5}$$

と表される漸化式をみたすとき, a_n の一般項は, 特性方程式

$$x = px + q$$

の解 $x = q/(1 - p)$ を用いて

$$a_{n+1} - x = p(a_n - x) = p^2(a_{n-1} - x) = \cdots = p^n(a_1 - x) \tag{A.4.6}$$

より求められる.

■漸化式 2　★★★

漸化式として, a_n が

$$a_{n+1} = \frac{pa_n + q}{ra_n + s} \tag{A.4.7}$$

のような有理式で与えられているとき [*6)]の解法は, 次のようである. まず, 特性方程式として,

$$x = \frac{px + q}{rx + s} \tag{A.4.8}$$

をみたす x の値を求める. そしてこの特性解について次の 2 つの場合がある.

- x が異なる 2 つの解 α, β をもつときは,

$$b_n = \frac{a_n - \beta}{a_n - \alpha} \tag{A.4.9}$$

とおくことで, b_n が等比数列になることから b_n が求められ, $a_n = \dfrac{\alpha b_n - \beta}{b_n - 1}$ より a_n が決まる.

- x が重解 α となるときは,

$$b_n = \frac{1}{a_n - \alpha} \tag{A.4.10}$$

とおくことで, b_n が等差数列になることから b_n が求められ, $a_n = \dfrac{1}{b_n} + \alpha$ より a_n が決まる.

[*5)] 本書では, 問題 1.3.2 にて使用した ▶1.3 節 .
[*6)] 本書では, 第 2 巻の問題 4.1.2 にて登場する ▶第 2 巻 4.1 節 .

A.5 テイラー展開と近似式

人口の統計のように，今日までの過去データがそろっているものから，将来を予測したいと考えたとする．数学的にいえば，関数 $y = f(x)$ があって，ある $x = x_0$ に対して値 $f(x)$ $(x \leqq x_0)$ が既知であり，$x = x_0$ での微分値 $f'(x_0), f''(x_0), f'''(x_0), \ldots$ がわかる，とする．そのときに $x = x_0 + h$ での値はどうなるか，という問題である．

■テイラー展開　　　　　　　　　　　　　　　　　　　　　　　★★☆

テイラーは，

$$f(x) = f(x_0) + a_1(x - x_0) + a_2(x - x_0)^2 + a_3(x - x_0)^3 + \cdots \quad (A.5.1)$$

のような展開式を仮定すると，n 項目の係数 a_n は，$a_n = \dfrac{1}{n!} f^{(n)}(x_0)$ となることを示した（テイラーの定理）．ここで，$f^{(n)}(x)$ は，関数 $f(x)$ を n 階微分した関数である．したがって任意の関数 $f(x)$ は，

$$f(x) = f(x_0) + \sum_{n=1}^{\infty} \frac{f^{(n)}(x_0)}{n!} (x - x_0)^n \quad (A.5.2)$$

として表すことができる [*7]．これをテイラー展開あるいは $x = x_0$ のまわりの級数展開という．特に原点 $x = 0$ のまわりの級数展開をマクローリン展開という．すなわち

$$f(x) = f(0) + \sum_{n=1}^{\infty} \frac{f^{(n)}(0)}{n!} x^n \quad (A.5.3)$$

となる．

■近似式　　　　　　　　　　　　　　　　　　　　　　　　　★★☆

$f(x)$ を $\sin x, \cos x, (1+x)^{\alpha}, e^x$ としてマクローリン展開を行うと，次の式が得られる．

$$\sin x = x - \frac{x^3}{3!} + \frac{x^5}{5!} - \frac{x^7}{7!} + \cdots \quad (A.5.4)$$

$$\cos x = 1 - \frac{x^2}{2!} + \frac{x^4}{4!} - \frac{x^6}{6!} + \cdots \quad (A.5.5)$$

$$(1+x)^{\alpha} = 1 + \alpha x + \frac{\alpha(\alpha - 1)}{2!} x^2 + \frac{\alpha(\alpha - 1)(\alpha - 2)}{3!} x^3 + \cdots \quad (A.5.6)$$

$$e^x = 1 + x + \frac{x^2}{2!} + \frac{x^3}{3!} + \frac{x^4}{4!} + \frac{x^5}{5!} + \cdots \quad (A.5.7)$$

ここで例えば，x がゼロに近い値（$|x| \ll 1$）としてみよう．x^2, x^3 などの高次の項はとても小さな値になるので無視してよい状況になるだろう．

このようにして，次の近似式が得られる．

[*7] 本書第 3 巻付録 C にて，数値計算による微分を説明する際に登場する．

公式 A.6 (1 次近似式)

x の 1 次式までを考える近似式として

$$\sin x \fallingdotseq x, \quad \cos x \fallingdotseq 1, \quad (1+x)^{\alpha} \fallingdotseq 1 + \alpha x \qquad (A.5.8)$$

が得られる.

例えば, 3 つ目の式から,

$$(1+x)^{-1} \fallingdotseq 1 - x, \quad \sqrt{1+x} \fallingdotseq 1 + \frac{1}{2}x$$

などとしてよいことがわかる.

物理の問題では, これらの近似式を適用して答えを求めることが多い. 近似というと, なにやら怪しいことをしているように思われる読者もいるかもしれないが, もっと精度よく計算したいなら, テイラー展開の 2 次までを用いた近似式を使えばよい, という話になる. そして, その差は, x^2 の小ささであることがわかっている. 日常生活で, 円周率が 3.14 で十分機能しているように, おおよその値を求めたい, あるいは測定値程度の精度で十分なときに近似は非常に有効な手段である.

■オイラーの式   ★★★

式 (A.5.4), (A.5.5), (A.5.7) を見比べていたオイラーは, もし指数関数 e^x の指数部分に虚数をもってくることが許されるならば, つまり, e^{ix} という関数が存在するならば,

$$e^{ix} = 1 + ix + \frac{(ix)^2}{2!} + \frac{(ix)^3}{3!} + \frac{(ix)^4}{4!} + \frac{(ix)^5}{5!} + \cdots$$
$$= \left(1 - \frac{x^2}{2!} + \frac{x^4}{4!} - \frac{x^6}{6!} + \cdots\right) + i\left(x - \frac{x^3}{3!} + \frac{x^5}{5!} - \frac{x^7}{7!} + \cdots\right)$$

となって

$$e^{ix} = \cos x + i \sin x \qquad (A.5.9)$$

としてまとめられることを発見した. これをオイラーの式という. 三角関数と指数関数が虚数単位 i を通じて見事にまとめられた式であり, 大学 1 年次の微積分学の 1 つのハイライトとなる式である.

発展的な参考文献

　本書は入試問題の形式を踏まえているが，私たちは問題を解くことをゴールとせず，物理的思考を広げる楽しみを読者の方と共有したいと考えて執筆した．その意図を読み取っていただけたなら，あなたにとってもう物理は怖くない科目となったはずだ．

以下，参考図書を掲示してあとがきに代えたい．

より一層，この路線を進みたい読者には次の書がよいだろう．

- 『楽しめる物理問題 200 選』P. Gnädig, G. Honyek, K. F. Riley著，近重悠一，伊藤郁夫，加藤正昭訳，朝倉書店，2003 年
- 『もっと楽しめる物理問題 200 選 Part1—力と運動の 100 問』P. Gnädig, G. Honyek, M. Vigh著，K. F. Riley編，伊藤郁夫監訳，赤間啓一，小川建吾，近重悠一，和田純夫訳，朝倉書店，2020 年
- 『もっと楽しめる物理問題 200 選 Part2—熱・光・電磁気の 100 問』P. Gnädig, G. Honyek, M. Vigh著，K. F. Riley編，伊藤郁夫監訳，赤間啓一，小川建吾，近重悠一，和田純夫訳，朝倉書店，2020 年
- 『オリンピック問題で学ぶ世界水準の物理入門』物理チャレンジ・オリンピック日本委員会編著，丸善出版，2010 年
- 『物理チャレンジ独習ガイド—力学・電磁気学・現代物理学の基礎力を養う 94 題』特定非営利活動法人 物理オリンピック日本委員会編，杉山忠男著，丸善出版，2016 年
- 『難問・奇問で語る 世界の物理—オックスフォード大学教授による最高水準の大学入試面接問題傑作選』特定非営利活動法人 物理オリンピック日本委員会訳，丸善出版，2016 年
- 『《ノーベル賞への第一歩》物理論文国際コンテスト—日本の高校生たちの挑戦』江沢洋監修，上條隆志，松本節夫，吉埜和雄編，日本評論社，2013 年

数学的な解法やモデル化に興味をもった読者には次の書を薦めたい．

- 『徹底攻略 常微分方程式』真貝寿明著，共立出版，2010 年
- 『微分方程式で数学モデルを作ろう』デヴィッド・バージェス，モラグ・ボリー著，垣田高夫，大町比佐栄訳，日本評論社，1990 年
- 『自然の数理と社会の数理 I』佐藤總夫著，日本評論社，1984 年
- 『自然の数理と社会の数理 II』佐藤總夫著，日本評論社，1987 年
- 『力学的振動の数学モデル』リチャード・ハーバーマン著，竹之内脩監修，熊原啓作訳，現代数学社，1981 年
- 『個体群成長の数学モデル』リチャード・ハーバーマン著，竹之内脩監修，稲垣宣生訳，現代数学社，1981 年
- 『交通流の数学モデル』リチャード・ハーバーマン著，竹之内脩監修，中井暉久訳，現代数学社，1981 年

もう少し体系的に物理を学んでみたい読者には次のシリーズはいかがだろうか．

- 『ファインマン物理学 I〜V』R. P. ファインマン，R. B. レイトン，M. サンズ著，坪井忠二ほか訳，岩波書店，1967 年
- 『ファインマン物理学問題集 1, 2』R. P. ファインマン，R. B. レイトン，M. サンズ著，河辺哲次訳，岩波書店，2017 年

- "Modern Classical Physics" K. S. Thorne, R. D. Blandford, Princeton University Press, 2017

　最後になるが，本書の出版への道筋を開いてくださった朝倉書店編集部の方々へのお礼を記しておきたい．原稿の数値ミスをご指摘いただくなど細部までの校正に感謝いたします．各章扉の物理学者・数学者の似顔絵は著者鳥居の拙女，利帆によるものである．

著 者 一 同

索　引

第 1 巻：1–142，A1–A14 頁，第 2 巻：143–282，A15–A26 頁，第 3 巻：283–422，A27–A39 頁

A

Ampère, André-Marie アンペール（1775–1836）144

Ångström, Anders J. オングストローム（1814–74）　287, 313

Archimedes アルキメデス（B.C 287–212）　278

Aspect, Alain アスペ（1947–）　312

Aston, Francis W. アストン（1877–1945）　301, 302

B

Balmer, Johann J. バルマー（1825–98）　287, 313

Becker, Herbert ベッカー　319

Becquerel, Antoine H. ベクレル（1852–1908）285

Bernoulli, Johann ベルヌーイ（1667–1748）129

Bethe, Hans A. ベーテ（1906–2005）　356

Biot, Jean-Baptiste ビオ（1774–1862）　192

Bohr, Niels ボーア（1885–1962）　288, 312, 314, 317

Boltzmann, Ludwig E. ボルツマン（1844–1906）284

Bothe, Walter ボーテ（1891–1957）　319

Boyle, Robert ボイル（1627–91）　65

Brahe, Tycho ブラーエ（1546–1601）　43

C

Chadwick, James チャドウィック（1891–1974）322

Chandrasekhar, Subrahmanyan チャンドラセカール（1910–95）　356

Charles, Jacques A. C. シャルル（1746–1823）65

Clauser, John F. クラウザー（1942–）　312

Coriolis, Gaspard-Gustave コリオリ（1792–1843）　52, 218

Coulomb, Charles-Augustin de クーロン（1736–1806）　144

D

de Broglie, Louis V. ド・ブロイ（1892–1987）318

de Cheseaux, Jean-Philippe L. ド・シェゾー（1718–51）　388

Doppler, Johann C. ドップラー（1803–53）　105

E

Eddington, Arthur S. エディントン（1882–1944）　356

Einstein, Albert アインシュタイン（1879–1955）198, 286, 312, 336

Euler, Leonhard オイラー（1707–83）　A13, A30

F

Faraday, Michael ファラデー（1791–1867）146, 151

Fermat, Pierre de フェルマー（1601–65）　113

FitzGerald, George F. フィッツジェラルド（1851–1901）　335

Fleming, John A. フレミング（1849–1945）150

Friedman, Alexander A. フリードマン（1888–1925）　340

Friedrich, Walter フリードリッヒ（1883–1968）331

G

Gauss, Johann C. F. ガウス (1777–1855)　147
Geiger, Hans ガイガー (1882–1945)　287

H

Hallwachs, Wilhelm L. H. ハルバックス (1859–1922)　285
Helmholtz, Hermann L. F. von ヘルムホルツ (1821–94)　356
Henry, Joseph ヘンリー (1797–1878)　146
Hertz, Heinrich R. ヘルツ (1857–94)　144
Huygens, Christiaan ホイヘンス (1629–95)　103

J

Jeans, James H. ジーンズ (1877–1946)　290
Joliot-Curie, Irène I. ジョリオ・キュリー (1897–1956)　319
Joliot-Curie, J. Frédéric F. ジョリオ・キュリー (1900–58)　319
Joule, James P. ジュール (1818–89)　66

K

Kant, Immanuel カント (1724–1804)　21
Kelvin (Thomson, William) ケルビン (1824–1907)　64, 356
Kepler, Johannes ケプラー (1571–1630)　43
Kirchhoff, Gustav R. キルヒホッフ (1842–87)　145
Knipping, Paul クニッピング (1883–1935)　331

L

Laplace, Pierre-Simon ラプラス (1749–1827)　21, 78
Laue, Max T. F. von ラウエ (1879–1960)　328
Lemaitre, Georges H. J. É. ルメートル (1894–1966)　340
Lenard, Philipp E. A. レーナルト (1862–1947)　285
Lenz, Heinrich F. E. レンツ (1804–65)　151
Lockyer, Joseph N. ロッキャー (1836–1920)　356
Lorentz, Hendrik A. ローレンツ (1853–1928)　150, 335, A4
Lyman, Theodore ライマン (1874–1954)　288

M

Maclaurin, Colin マクローリン (1698–1746)　A12
Marsden, Ernest マースデン (1889–1970)　287
Maxwell, James C. マクスウェル (1831–79)　87, 151, 334, 359, A25
Mayer, Julius R. von マイヤー (1814–78)　67
Michell, John ミッチェル (1724–93)　383
Michelson, Albert A. マイケルソン (1852–1931)　334
Millikan, Robert A. ミリカン (1868–1953)　286, 296
Minkowski, Hermann ミンコフスキー (1864–1909)　338
Morley, Edward W. モーリー (1838–1923)　335

N

Nagaoka Hantaro 長岡半太郎 (1865–1950)　287, 314
Natsume Soseki 夏目漱石 (1867–1916)　42
Newton, Issac ニュートン (1643–1727)　2, 42, 129, 198

O

Olbers, Heinrich W. M. オルバース (1758–1840)　388
O'Neill, Gerard K. オニール (1927–92)　50

P

Pascal, Blaise パスカル (1623–62)　64
Paschen, Friedrich パッシェン (1865–1947)　288
Planck, Max K. E. L. プランク (1858–1947)　285, 290
Poisson, Siméon D. ポアソン (1781–1840)　67

R

Rayleigh, 3rd Baron (John William Strutt) レイリー (1842–1919)　290
Robertson, Howard P. ロバートソン (1903–61)　340
Röntgen, Wilhelm C. レントゲン (1845–1923)　328
Rutherford, Ernest ラザフォード (1871–1937)　287, 314
Rydberg, Johannes リュードベリ (1854–1919)　288, 313

S

Savart, Félix サヴァール (1791–1841)　192
Schwarzschild, Karl シュヴァルツシルト (1873–1916)　340
Shizuki Tadao 志筑忠雄 (1760–1806)　21
Snell, Willebrord スネル (1580–1626)　113, 252
Stefan, Joseph シュテファン (1835–93)　284
Stoney, George J. ストーニー (1826–1911)　296

T

Taylor, Brook テイラー (1685–1731)　A12
Terada Torahiko 寺田寅彦 (1878–1935)　42
Tesla, Nikola テスラ (1856–1943)　148
Thomson, Joseph J. トムソン (1856–1940)　287, 296, 301
Torricelli, E. トリチェリ (1608–47)　280

V

Volta, Alessandro G. A. A. ボルタ (1745–1827)　144

W

Walker, Arthur G. ウォーカー (1909–2001)　340
Wien, Wilhelm C. W. O. F. F. ヴィーン (1864–1928)　284, 290

Y

Young, Thomas ヤング (1773–1829)　306, 312

Z

Zeilinger, Anton ツァイリンガー (1945–)　312

あ 行

アインシュタイン (Einstein)　198, 286, 312, 336
　—の光量子仮説　286
　—方程式　339
悪魔
　マクスウェルの—　87
　ラプラスの—　78
アストン (Aston)　301, 302
　—の質量分析器　302
アスペ (Aspect)　312
アモントン・クーロンの法則　56
アルキメデス (Archimedes)　278
　—の原理　278
アンペール (Ampère)　144
　—の法則　149

一般相対性理論　334, 338
陰極線　296

ヴィーン (Wien)　284, 290
　—の変位則　284, 293
ウォーカー (Walker)　340
打ち切り誤差　A28
宇宙論　391
浦島効果　347
運動方程式　2
運動量　5, 6
　—保存則　6
　角—　6, 48

エディントン (Eddington)　356
エーテル　334
エネルギー　3
　—と質量の等価性　337
　コイルがもつ—　146
　コンデンサが蓄える—　145

静止質量— 337
内部— 65
力学的—保存則 4
遠隔作用 182
遠日点 223
遠心力 50, 216
エントロピー 67, 78, 87, 94

オイラー（Euler） A13, A30
—の式 A13
—法（数値積分） A30
オニール（O'Neill） 50
オルバース（Olbers） 388
オングストローム（Ångström） 287, 313
温暖化 292

か　行

ガイガー（Geiger） 287
外積 A2
回折 103
回転（rot） A23
ガウス（Gauss） 147
—の法則 147, 178
角運動量 6, 48
—保存則 6, 48
確率解釈 312
重ね合わせ 104
—の原理 184
カテナリー（懸垂線） 275, 277
干渉 104
—条件 104
慣性
—の法則 2, 369
慣性系 216, 369
局所— 374
慣性力 50
カント（Kant） 21

基準振動 33
気体定数 64
気体の状態方程式 64
逆三角関数 A8
吸収スペクトル 287
局所慣性系 374
局所ローレンツ系 374
キルヒホッフ（Kirchhoff） 145

—の法則 145
近似
—式 A12
ニュートンの—法 236
近軸近似 253
近日点 223
近接作用 182
近点離角 230
真— 229
平均— 234
離心— 230

屈折 103
絶対—率 103, 252
相対—率 103, 253
クニッピング（Knipping） 331
クラウザー（Clauser） 312
クリストッフェル記号 339
クーロン（Coulomb） 144
—の法則 147, 177

計量テンソル 338
経路角 227, 241
ケプラー（Kepler） 43
—方程式 234, 237
惑星運動の法則 43
ケルビン（Kelvin） 64, 356
限界振動数 285
原子模型 314
懸垂線（カテナリー） 275, 277

コイル 146
光子 286, 306
向心力 216
光速度不変の原理 336
光電効果 285
勾配（grad） 175, A23
黒体 292
誤差
打ち切り— A28
丸め— A28
コリオリ（Coriolis） 52, 218
—の力 52, 218
コンデンサ 145

さ 行

サイクロイド
　—曲線　116, A7
　—振り子　117
サイクロトロン　205
最速降下線　116
最大摩擦力　56
サヴァール（Savart）　192
差分化（離散化）　A28
差分法
　—による微分　A29
　中心—　A29
作用・反作用の法則　2, 369
3 質点の運動　55
3 重積分　404, 405

磁気単磁極（モノポール）　214
仕事　3
　気体のした—　66
仕事関数　286
仕事率　3
磁束　148
　—密度　148
質量
　慣性—　370
　重力—　370
質量分析器　301
　アストンの—　302
GPS　350
シャルル（Charles）　65
シュヴァルツシルト（Schwarzschild）　340
　—解　340, 383
　—解の導出　342
　—半径　340, 350
周期　102
重心　7
終端測度　297
自由電子　144
重力定数　240, 241
　地心—　249
　日心—　249
重力場の方程式　339
シュテファン（Stefan）　284
　—・ボルツマンの法則　284, 290–292
主点　255, 260

ジュール（Joule）　66
純正律　111
状態方程式　64, A21
焦点　254
　—距離　254
ジョリオ・キュリー夫妻（Joliot-Curie, I., Joliot-Curie, F.）　319
シンクサイクロトロン　207
シンクロトロン　210
ジーンズ（Jeans）　290
振動数（周波数）　102
　—条件　288
振幅　102

垂直抗力　56
スイング・バイ　221
数値計算
　オイラー法　A30
　前進オイラー法　A32
　台形公式　A31
数列の和　A10
スカイツリー　394
スターリングエンジン　96
ストーニー（Stoney）　296
スネル（Snell）　113, 252
　—の法則　113, 260
スペクトル
　吸収—　287
　線—　287
　連続—　287
スペースコロニー　50

静止質量　337
　—エネルギー　337
静止摩擦力　56
静電誘導　186
精度
　1 次—の差分　A29
　2 次—の差分　A30
制動放射　210
積分因子法　A18
接線加速度　45
全音　111
漸化式　A11
線スペクトル　287, 313
全微分　A21

双曲線 49
相対性理論
　一般— 334, 338
　特殊— 334, 336
素元波 103

た 行

第一宇宙速度 250
ダイオード 146
台形公式 A31
太陽定数 292
太陽の寿命 356
楕円 49
単精度型 A28
断熱変化 88, 92

逐次近似 228
チャドウィック（Chadwick） 322
チャンドラセカール（Chandrasekhar） 356
中心力 6, 48
中性子 319
　—星 370
超音波 324

ツァイリンガー（Zeilinger） 312

抵抗 145
定数
　気体— 64
　クーロンの— 147
　ばね— 4
　プランク— 285
　リュードベリ— 288, 313
テイラー（Taylor） A12
　—展開 A12, A29
テスラ（Tesla） 148
電圧 144
電位 261
　等—面 261
電界 171
電気双極子 171
　—モーメント 174
電気素量 144, 296
電気力線 147
電子 296
電磁誘導 151

電場 171
天文単位 223
電流 144

同位体 301
等温変化 92
等価原理 370
等差数列 A10
透磁率 148
等比数列 A10
動摩擦力 56
特殊相対性理論 334, 336
ド・シェゾー（de Cheseaux） 388
ドップラー（Doppler） 105
　—効果 105, 130, 137
ド・ブロイ（de Broglie） 318
トムソン（Thomson） 287, 296, 301
トリチェリ（Torricelli） 280
　—の法則 280

な 行

内積 A2
内部エネルギー 65
長岡半太郎 287, 314
長さの収縮仮説 335

2質点の振動 37
ニュートン（Newton） 2, 42, 129, 198
　—の近似法 236
　—の結像公式 254

熱機関 68
熱気球 76
熱効率 68, 97
熱抵抗 98
熱の仕事当量 66
熱力学第1法則 66
熱力学第2法則 68, 95
熱力学第3法則 68

は 行

倍精度型 A28
パスカル（Pascal） 64
波長 102
発散（div） A23

パッシェン（Paschen）288
波動方程式　360
花火の軌跡　13
はね返り係数（反発係数）17, 34
パラメータ表示と軌跡　A5
ハルバックス（Hallwachs）285
バルマー（Balmer）287, 313
半音　111
半減期　407
半導体　146
反発係数（はね返り係数）17, 34

ビオ（Biot）192
　　—・サヴァールの法則　192
非慣性系　216
ビッグサイエンス　386
比電荷　211
微分方程式　A16
　　積分因子法　A18
　　変数分離法　A17
標準状態　73

ファラデー（Faraday）146, 151
　　—の電磁誘導の法則　151
フィッツジェラルド（FitzGerald）335
フェルマー（Fermat）113
　　—の原理　113, 116
不確定性理論　312
物質波　318
浮動小数点　A28
ブラーエ（Brahe）43
プランク（Planck）285, 290
　　—定数　285
　　—の量子仮説　285
　　—分布　290, 291
フリードマン（Friedman）340
フリードリッヒ（Friedrich）331
浮力　76, 278
プリンキピア　184, 237
フレミング（Fleming）150
　　—の左手の法則　150

平均運動　233
平均律　111
平面の式　A6
ベクレル（Becquerel）285
ベータトロン　208

ベッカー（Becker）319
ベーテ（Bethe）356
ベリリウム線　319
ヘルツ（Hertz）144
ベルヌーイ（Bernoulli）129
ヘルムホルツ（Helmholtz）356
変数分離法　A17
偏微分　A20
ヘンリー（Henry）146

ボーア（Bohr）288, 312, 314, 317
　　—の原子モデル　288
　　—の量子条件　317
ポアソン（Poisson）67
　　—の関係式　67
　　—の法則　90, 92
ホイヘンス（Huygens）103
　　—の原理　103, 112
ボイル（Boyle）65
崩壊定数　407
放射平衡　410, 411
法線加速度　45
法線ベクトル　A7
法則
　　アモントン・クーロンの—　56
　　アンペールの—　149
　　運動量保存の—　6
　　ガウスの—　147, 178
　　角運動量保存の—　6, 48
　　慣性の—　2, 369
　　キルヒホッフの—　145
　　屈折の—　103, 113
　　クーロンの—　147, 177
　　ケプラーの惑星運動の—　43
　　作用・反作用の—　2, 369
　　シュテファン・ボルツマンの—　284, 290–292
　　スネルの—　113, 260
　　トリチェリの—　280
　　ニュートンの運動—　2, 42
　　熱力学第1—　66
　　熱力学第2—　68, 95
　　熱力学第3—　68
　　反射の—　103
　　ビオ・サヴァールの—　192
　　ファラデーの電磁誘導の—　151
　　フレミングの左手の—　150
　　右ねじの—　149

力学的エネルギー保存の—　4
　レンツの—　151
アルキメデスの原理　278
放物線　49
　ナイルの—　406
保存則
　運動量—　6
　角運動量—　6, 48
　力学的エネルギー—　4
ボーテ（Bothe）　319
ポテンシャル　A20
ホーマン軌道　223
ボルタ（Volta）　144
ボルツマン（Boltzmann）　284
　—定数　285

ま　行

マイケルソン（Michelson）　334
　—干渉計　335
マイヤー（Mayer）　67
　—の関係式　67, A21
マクスウェル（Maxwell）　87, 151, 334, 359,
　A25
　—方程式　359, A25
マクローリン（Maclaurin）　A12
　—展開　A12
マースデン（Marsden）　287
丸め誤差　A28

見かけの力　50, 216
右ねじの法則　149
水時計　280
ミッチェル（Michell）　383
ミリカン（Millikan）　286, 296
　—の実験　296
ミンコフスキー（Minkowski）　338
　—時空　340

面積速度　6

モノポール（磁気単磁極）　214
モーメント　10
モーリー（Morley）　335

や　行

ヤング（Young）　306, 312

誘導起電力　151

4元ベクトル　363

ら　行

ライマン（Lyman）　288
ラウエ（Laue）　328
　—斑点　331
ラグランジュポイント　54
ラザフォード（Rutherford）　287, 314
ラプラス（Laplace）　21, 78
ラプラス演算子　A23

力学的エネルギー　4
力積　5
離散化（差分化）　A28
離心率　229
理想気体　64
リーマン曲率テンソル　339
リュードベリ（Rydberg）　288, 313
　—定数　288, 313
量子条件　288
量子もつれ　312

ルメートル（Lemaitre）　340

レイリー（Rayleigh）　290
レーナルト（Lenard）　285
連続スペクトル　287
レンツ（Lenz）　151
　—の法則　151
レントゲン（Röntgen）　328

ロッキャー（Lockyer）　356
ロバートソン（Robertson）　340
ローレンツ（Lorentz）　150, 335, A4
　—不変量　363
　—変換　335, 343
　—力　150, A4

著者紹介

真貝 寿明（しんかい ひさあき）
大阪工業大学 情報科学部 教授.
1995 年早稲田大学大学院修了. 博士（理学）.
早稲田大学理工学部助手，ワシントン大学（米国セントルイス）博士研究員，ペンシルバニア州立大学客員研究員（日本学術振興会海外特別研究員），理化学研究所基礎科学特別研究員などを経て，現職.
著書：『日常の「なぜ」に答える物理学』（森北出版），『徹底攻略 微分積分』『徹底攻略 常微分方程式』『徹底攻略 確率統計』『現代物理学が描く宇宙論』（共立出版），『図解雑学 タイムマシンと時空の科学』（ナツメ社），『ブラックホール・膨張宇宙・重力波』（光文社），『宇宙検閲官仮説』（講談社）
著書（共著）：『相対論と宇宙の事典』（朝倉書店），『すべての人の天文学』（日本評論社）
訳書（共訳）：『演習 相対性理論・重力理論』（森北出版），『宇宙のつくり方』（丸善出版）

林 正人（はやし まさひと）
大阪工業大学 工学部 教授.
1987 年京都大学大学院修了. 理学博士.
カールスルーエ大学（ドイツ）客員研究員，京都大学基礎物理学研究所研究員（日本学術振興会特別研究員），トリエステ国際理論物理学研究センター（イタリア）客員研究員，基礎物理学研究所非常勤講師などを経て，現職.
著書（共著）：『力学』『力学問題集』（学術図書出版社）

鳥居 隆（とりい たかし）
大阪工業大学 ロボティクス＆デザイン工学部 教授.
1996 年早稲田大学大学院修了. 博士（理学）.
東京工業大学客員研究員（日本学術振興会特別研究員），東京大学ビッグバン宇宙国際研究センター機関研究員，ニューカッスル・アポン・タイン大学客員研究員，早稲田大学理工学総合研究所講師などを経て，現職.
著書（共著）：『相対論と宇宙の事典』（朝倉書店），『力学』『力学問題集』（学術図書出版社）
訳書（共訳）：『演習 相対性理論・重力理論』（森北出版），『宇宙のつくり方』（丸善出版）

一歩進んだ物理の理解 1
　　―力学・熱・波―　　　　　　　　　　定価はカバーに表示

2023 年 11 月 1 日　初版第 1 刷

著 者	真	貝	寿	明
	林		正	人
	鳥	居		隆
発行者	朝	倉	誠	造
発行所	株式会社 朝 倉 書 店

　　　　　　　　　東京都新宿区新小川町 6-29
　　　　　　　　　郵 便 番 号　162-8707
　　　　　　　　　電　話　03（3260）0141
　　　　　　　　　Ｆ Ａ Ｘ　03（3260）0180
　　　　　　　　　https://www.asakura.co.jp

〈検印省略〉

シナノ印刷・渡辺製本

© 2023 〈無断複写・転載を禁ず〉

ISBN 978-4-254-13821-4　C 3342　　　　Printed in Japan

JCOPY ＜出版者著作権管理機構　委託出版物＞

本書の無断複写は著作権法上での例外を除き禁じられています．複写される場合は，
そのつど事前に，出版者著作権管理機構（電話 03-5244-5088，ＦＡＸ 03-5244-5089，
e-mail：info@jcopy.or.jp）の許諾を得てください．

もっと楽しめる 物理問題 200 選 PartI―力と運動の 100 問―

P. グナディグ (著) ／伊藤 郁夫 (監訳) ／赤間 啓一・近重 悠一・小川 建吾・和田 純夫 (訳)

A5 判／244 頁　978-4-254-13130-7 C3042　定価 3,960 円（本体 3,600 円＋税）

好評の『楽しめる物理問題 200 選』に続編登場！ 日常的な物理現象から SF 的な架空の設定まで，国際物理オリンピックレベルの良問に挑戦。1 巻は力学分野中心の 100 問。熱・電磁気中心の 2 巻も同時刊行。

もっと楽しめる 物理問題 200 選 PartII―熱・光・電磁気の 100 問―

P. グナディグ (著) ／伊藤 郁夫 (監訳) ／赤間 啓一・近重 悠一・小川 建吾・和田 純夫 (訳)

A5 判／240 頁　978-4-254-13131-4 C3042　定価 3,960 円（本体 3,600 円＋税）

好評の『楽しめる物理問題 200 選』に続編登場！ 2 巻では熱・電磁気分野を中心とする 100 の良問を揃える。日常の不思議から仮想空間まで，物理学を駆使した謎解きに挑戦。力学分野中心の 1 巻も同時刊行。

秘伝の微積物理

青山 均 (著)

A5 判／192 頁　978-4-254-13126-0 C3042　定価 2,420 円（本体 2,200 円＋税）

大学の物理学でつまずきやすいポイントを丁寧に解説。〔内容〕位置・速度・加速度／ベクトルによる運動の表し方／運動方程式／力学的エネルギー保存則／ガウスの法則／電場と電位の関係／アンペールの法則／電磁誘導／交流／数学のてびき

惑星探査とやさしい微積分 I ―宇宙科学の発展と数学の準備―

A.J. Hahn(著) ／狩野 覚・春日 隆 (訳)

A5 判／248 頁　978-4-254-15023-0 C3044　定価 4,290 円（本体 3,900 円＋税）

AJ Hahn: Basic Calculus of Planetary Orbits and Interplanetary Flight: The Missions of the Voyagers, Cassini, and Juno (2020) を 2 分冊で邦訳。I 巻では惑星軌道の理解と探査の歴史，数学的基礎を学ぶ。

惑星探査とやさしい微積分 II ―重力による運動・探査機の軌道―

A.J. Hahn(著) ／狩野 覚・春日 隆 (訳)

A5 判／200 頁　978-4-254-15024-7 C3044　定価 3,850 円（本体 3,500 円＋税）

歴史と数学的基礎を解説した I 巻につづき，楕円軌道と双曲線軌道の運動の理論に注目。惑星運動に関する理解を深め，Voyager，Cassini などによる惑星探査ミッションにおける宇宙機の軌道，ターゲット天体へ誘導する複雑な局面を論じる。